现代农业科技专著大系

中国葡萄属野生资源

贺普超 编著

中国农业出版社

图书在版编目（CIP）数据

中国葡萄属野生资源/贺普超编著. — 北京：中国农业出版社，2012.9
（现代农业科技专著大系）
ISBN 978-7-109-16815-2

Ⅰ.①中… Ⅱ.①贺… Ⅲ.①葡萄属-野生植物-植物资源-中国 Ⅳ.①Q949.756.3

中国版本图书馆CIP数据核字（2012）第102142号

中国农业出版社出版
（北京市朝阳区农展馆北路2号）
（邮政编码 100125）
责任编辑 张 利 王琦瑢

北京通州皇家印刷厂印刷 新华书店北京发行所发行
2012年12月第1版 2012年12月北京第1次印刷

开本：787mm×1092mm 1/16 印张：6.5
字数：150千字
定价：80.00元

前 言

为了给人类提供丰富优质的食品，广泛地向野生植物资源寻求所需种质，已成为当代农业科学工作者的一项重要任务。

葡萄在水果中占有重要位置。葡萄科植物有食用价值的仅一个属，即葡萄属（*Vitis* L.）。全世界葡萄属植物约有60余种，主要分布在北半球的温带或亚热带，有3个起源中心，其中最主要的是东亚中心，仅中国就有40余种和10多个变种。不言而喻，中国是世界葡萄属野生资源最丰富的国家。因此，收集、保存、研究和利用这些葡萄野生资源具有十分重要的意义。

从20世纪70年代末，我们决定研究起源于中国的葡萄属（*Vitis* L.）野生资源，80年代初，我们组织师生几度深入秦岭山区的13个县（市）和陕西、甘肃两省的一些地方，收集到一批重要的繁殖材料。与此同时，还与国内有关教学、科研单位进行了交换。对收集到的材料统一编号，称为株系（Clone）。每个株系繁殖3～5株，栽植于西北农林科技大学葡萄野生资源圃内。在调查和引种过程中，我们特别重视收集同一个种内来自国内不同地区的株系，以便在同一条件下观察其主要性状的一致性和差异程度以及对环境条件的适应性，这对种的分类和开发利用是有重要意义的。到目前为止，在西北农林科技大学的中国野生葡萄种质资源圃内，栽植保持了20个种和变种，今后还会不断增加。

本书第二章根据我们在葡萄野生资源圃多年的记录资料而编写，彩色照片也是根据实物拍摄的，对每个种和变种的植物学与经济生物学性状作了较全面介绍，并指出其主要优缺点，以资直接与间接利用。第二章的种性简介是收集已发表的有关资料和图片汇编而成，在此对提供资料及图片的单位和有关人员致以谢意。

第三章中国葡萄属野生资源研究是我们与研究生王国英、王跃进、牛立新、任治邦、李记明、刘延琳、段长青、罗素兰、柴菊华、崔彦志、康俊生、田莉莉、万怡震等分别完成的。这次以摘要形式发表，主要是对以往发表的研究论文中的一些种名作了纠正，并对相关资料作了修改和补充。

本书对中国葡萄属野生资源性状的描述，主要是根据中国农业科学院郑州果树研究所拟定的统一规范描述标准进行的，但考虑到野生资源的特点，根据实践经验并参考P. Calet的方法，我们在资源描述中作了某些补充，以附录形式列出。

本书可供高等农业院校师生及葡萄科技工作者参考。不足之处，敬请指教。

贺普超

2005年11月2日

目　录

第一章 中国葡萄属野生资源的起源与分布

一、葡萄野生资源的起源

（一）秋葡萄叶化石的发现

中国地处亚洲东部，南北跨越温、热两带，山峦纵横，地形气候复杂，更由于受第四纪冰川的影响较小，因而成为全世界葡萄属（*Vitis* L.）植物最主要的起源地。我国古地质学家在山东省临朐县山旺村发掘的第三纪中新世出现的秋葡萄叶化石证明，约4 000万年前在我国已经出现了葡萄属植物。

（二）《诗经》中的“葛”与“薁”

《诗经》是我国最古老的一部诗歌总集，编成于公元前6—前5世纪。《诗经》有多处提到“葛”，如“葛之覃兮，施于中谷，维叶莫莫，是刈是濩，为絺（chī ）为绤（xì），服之无斁（yì）”（《周南 · 葛覃》），“纠纠葛屦，可以屦霜”（《魏风 · 葛屦》。从这两段可以看出，葛是一种纤维植物，经加工可织成夏布，也可编成冬、夏季穿的鞋子。《诗经》也有多处出现“葛藟”，如“南有樛木，葛藟累之”（《周南 · 樛木》），“绵绵葛藟，在河之浒”（《王风 · 葛藟》）。究竟“葛藟”是一种植物，还是“葛”与“藟”为两种不同的植物？这在历史上是个长期争论的问题。江荫香在其《诗经译注》（1982）中认为，它们是两种不同的草本蔓性植物。由此可见，《诗经》中的“葛”与“葛藟”无论是植物特性还是用途上可能与现代葡萄分类中的葛藟（*Vitis flexuosa* Thunb.）完全不同，因而不能把《诗经》中的葛藟等同于今日的葛藟葡萄。

《诗经》的“六月食郁及薁”，长期以来引起有关学者的关注。究竟什么是“薁”？有何特性特征？《诗经》并未有任何表述。

蘡薁一名，首先见于公元前3世纪的《山海经》：“泰室之山之蘡草，泽如蘡薁……少陉之山之岗草，实如蘡薁。”二草是什么？不得而知，当然蘡薁也就无从谈起了。有人认为，古代薁与郁异字而同声。郁与薁均为李的不同品种，即郁李与车下李（辛树帜，1962）。江荫香在《诗经译注》中，把郁、薁说成是两种不同的蔬菜。由此可见，至今也说不清《诗经》中的“薁”是哪种植物，更不能称其为蘡薁葡萄了。

（三）甘肃陇西的野葡萄

西汉张骞第一次出使西域，于公元前125年把大宛国（今乌兹别克斯坦共和国费尔干纳）的“Budau”（波斯语葡萄）带回长安，并种植于离宫别馆傍。此后，才在我国的古文书籍中出现葡萄（蒲桃、葡桃）一词，同时，人们也逐渐对葡萄有了一定的了解和认识。西汉刘向（公元前77—前6年）在其编著的《别录》中写道：葡萄“生陇西五原敦煌山谷”。《蜀本草经图》也肯定葡萄生陇西五原敦煌山谷，并描述其“绵被山谷间”的野生状况。陶隐居见到魏国人送来的状如五味子的葡萄时称：“即此间蘡薁。”《唐本草注》进一步指出“蘡薁与葡萄相似……蘡薁、山葡萄并堪为酒”。

由此可见，起源中国的野葡萄，最早见于文字记载的，应当是公元前半世纪的《别录》。至于它是否是今日的蘡薁葡萄，有待进一步考证。

二、葡萄野生资源的分布

（一）生态地理分布

我国野生葡萄资源不但种类多，而且分布也广，从东北寒冷的黑龙江省到南部热带的海南省，从西部世界屋脊的青藏高原到东部沿海，除新疆维吾尔自治区外，在广阔的领域内均有存在。野生资源的自然分布与气候、土壤、地势、植被有密切关系。我国葡萄野生资源主要分布在以下几个生态地理区。

1. 东北长白山与小兴安岭分布区

本区位于北纬40°～48°，东经124°～132°，包括辽宁、吉林、黑龙江省北部小兴安岭及内蒙古东北的大兴安岭局部山区。这里降水量充沛，年均650～870mm，土壤肥沃，有机质较多，多呈微酸性。由于冬季严寒，绝对低温可达−35～−40℃，因而该区仅分布抗寒性最强的一个山葡萄种（*Vitis amurensis* Rupr.）。

2. 秦岭分布区

秦岭横跨我国中部，有广义和狭义之分。广义的秦岭西起青海省东部的西倾山，东向贯穿甘肃省南部的岷山，陕西中南部的太白山、华山，直至河南省西部的崤山、熊耳山和伏牛山，东西长达1 600km，南北宽约200～500km。狭义秦岭仅指陕西省境内一段，主峰太白山，高3 767m。秦岭是中国中部东西走向的主要山脉，是黄河、长江水系和南北气候的分水岭。

秦岭北麓属暖温带气候，年平均气温10～13℃，降水量500～700mm，秦岭南麓属暖温带至凉亚热带气候，年平均气温11～15℃，降水量500～1 000mm。由于优越的生态地理环境，植物资源极为丰富，不仅被称为“世界植物基因库”，也是中国葡萄属植物重要的起源与分布区之一。根据现有资料，分布在这一地区的葡萄属植物有18个种和变种，其中比较普遍的有毛葡萄（*V. quinquangularis* Rehd.）、复叶葡萄（*V. piasezkii* Maxim.）、秋葡萄（*V. romanetii* Roman.），其次为蘡薁葡萄（*V. adstricta* Hance.）、葛藟葡萄（*V. flexuosa* Thunb.）、华东葡萄（*V. pseudoreticulata* W. T. Wang）、刺葡萄［*V. davidii*（Roman.）Foex.］。秦岭陕西境内发现的新种有秦岭葡萄（*V. qinlingensis* P. C. He）、小复叶葡萄（*V. tiubaensis* L. X. Niu）、麦黄葡萄（*V. bashanica* P. C. He）、麦黄复叶葡萄（*V. baihensis* L. X. Niu）、米葡萄（*V. xunyangensis* P. C. He）和陕西葡萄（*V. shenxiensis* C. L. Li）。

3. 长江中下游分布区

本区包括长江中下游的湖南、江西和浙江三省及其周边山区，属亚热带湿润季风气候。年平均气温15～20℃，降水量1 200～2 000mm，高山纵横，丘陵起伏，如湖南的武陵山、南岭和与江西交界的罗霄山，江西的九岭山和与福建交界的武夷山，浙江的天目山、仙霞岭和括苍山等。本区分布32个种和变种。代表种有毛葡萄、刺葡萄、华东葡萄、腺枝葡萄（*V. adenoclada* Hand-Mazz.）、菱叶葡萄（*V. hancockii* Hance）、红叶葡萄（*V. erythrophylla* W. T. Wang）、美丽葡萄［*V. bellula*（Rehd.）W. T. Wang］和东南葡萄（*V. chunganeniss* Hu）。

4. 广西分布区

广西壮族自治区全境北有大山，地势高峻，西部是云贵高原向东南沿海低山、丘陵过渡地带。全境西北高而东南低，四周多山，周高中低，呈现一个不甚完整的盆地。本区又地处中亚热带和南亚热带，夏季高温多雨，年均气温17～23℃，≥10℃积温5 000～8 300℃，年降水量1 200～2 000mm。全境葡萄野生种较多，有13种和4个变种，以毛葡萄和腺枝葡萄（*V. adenoclata* Hand-Mazz.）最多，主要分布在永福、罗城、都安等县（市）。独有的种有罗城葡萄（*V. louchengensis* W. T. Wang）和狭复叶葡萄（*V. piasezkii* Maxim. var. *angusta* W. T. Wang），蘡薁葡萄的分布南界竟达到接近南海的十万大山（王文采，1988）。由于本区气候与长江中下游近似，又与湖南省毗邻，但其生态地理环境与种的分布有其特点，因而称之为一个独立区。

（二）行政区域分布

根据有关文献和调查资料，起源中国的葡萄属植物约有40余种和10多个变种，分布在除新疆以外的所有省（自治区、直辖市）*，其中分布最多，在20个种和变种以上的有江西、浙江、湖南和陕西；在15个种和变种以上的有广西、广东、河南、湖南、湖北、云南和福建；在10个种和变种左右的有安徽、四川、甘肃和江苏；吉林、辽宁、黑龙江和内蒙古仅各有1个种。

* 台湾省资料不详，未列入。

第二章
中国葡萄属野生资源性状

一、山葡萄（*Vitis amurensis* Rupr.）

（一）植物学性状

1. 嫩梢

梢尖黄绿，密被丝毛，有的边缘桃红色。幼叶上表面有光泽，橙黄色，被中密丝毛，下表面密被丝毛，嫩茎第二、第三节包被红或灰白色膜。

2. 成龄叶、枝

叶中等或大，平均长15～26cm，宽14～26cm，近圆形，全缘或浅3裂；上表面甚粗糙，遍布中泡状凸起，下表面浅锈色，无毛或初被茸毛与丝毛，后期丝毛脱落；叶缘锯齿中等大，双侧凸或直。叶柄洼开张，拱形，基部U形。叶柄长9.6～13.5cm。新梢被脱落性絮状丝毛。植株长势旺，卷须间歇性。一年生老枝红褐或暗褐色，粗0.74～8.5cm，节间长8.1～11.0cm，截面椭圆形。

3. 花、果、种子

雌雄异株，也有两性花株系*。雌能花雄蕊5～6枚，比雌蕊短，向外卷曲。果穗圆锥形或单肩圆锥形，有的带副穗，极小至中等大，松散至中紧，常有小青粒，平均重16.8～76.0g。浆果小，平均重0.5～1.0g，黑色，果粉厚，果皮厚韧，无涩味。果汁红色至紫红色，味酸，可溶性固形物13%～16%，含酸量高达20～27g/L，每果实有种子2～3粒。种子中等大，椭圆形，喙短。不同山葡萄果穗、浆果大小与糖酸含量见表2-1。

表2-1　山葡萄果穗、浆果大小与糖酸含量

株系品种	果穗			果粒重（g）	出汁率（%）	可溶性固形物（%）	含糖量（%）	可滴定酸（g/L）
	长（cm）	宽（cm）	重（g）					
左山1号	10.3	6.1	68.4	1.0	65.0	13.5	—	16.86
左山2号	9.1	5.8	45.6	1.0	63.8	16.0	15.3	20.05
通化3号	11.5	8.4	76.0	1.1	67.6	13.0	11.1	17.99
泰山-11	9.6	3.9	55.8	0.7	61.0	—	—	—
华县-47	8.7	2.9	16.8	0.5	50.8	9.0	—	—

* 株系是指由调查的同一野生植株上采取枝条或从引种的同一材料繁殖的苗木。各株系代号中阿拉伯数字表示调查或引种编号，汉字表示产地。

山葡萄华县-47叶片正面

山葡萄华县-47叶片背面

山葡萄华县-47嫩梢

山葡萄双优嫩梢

山葡萄双优叶片正面

山葡萄双优叶片背面

山葡萄双优叶片

山葡萄泰山-11嫩梢

山葡萄泰山-11正面

山葡萄泰山-11背面

山葡萄泰山-11嫩梢

山葡萄泰山-11嫩梢

山葡萄通化3号叶片正面

山葡萄通化3号叶片背面

山葡萄通化3号嫩梢

山葡萄通化3号果穗

山葡萄左山2号叶片正面

山葡萄左山2号叶片背面

山葡萄左山2号果穗

山葡萄左山2号嫩梢

山葡萄左山2号嫩梢

山葡萄左山1号果穗

（二）生物学性状

1. 物候期

萌芽始期为3月中旬后期至下旬，开花始期在4月下旬，果实始熟期在7月20日前后，充分成熟期在8月下旬，由萌芽至果实充分成熟共计150d，为晚熟种（表2－2）。

表2—2　山葡萄物候期（日／月）

株　系	萌芽始期	开花始期	果实转色期	果实充分成熟期	由萌芽至果实充分成熟天数（d）
左山1号	17/3	25/4	16/7	19/8	154
左山2号	19/3	28/4	20/7	22/8	155
通化3号	15/3	26/4	17/7	22/8	154
泰山-11	24/3	29/4	20/7	26/8	154
华县-47	23/3	29/4	23/7	27/8	156

2. 结实特性

第一结果枝位于结果母枝基部第二至第三节，第一果穗位于结果枝第二至第三节，果枝率多数株系在85%以上。果枝平均1.71～2.12穗，最多有4穗（表2－3）。

表2–3　山葡萄结实力

株　系	新梢数	果枝数	果枝率（%）	果穗数	果枝平均穗数	结果系数
左山1号	33.1	29.5	89.1	50.3	1.71	1.52
左山2号	22.0	19.0	86.4	36.5	1.92	1.66
通化3号	30.0	30.0	100	63.5	2.12	2.12
泰山-11	25.7	20.3	79.0	37.4	1.84	1.46
华县-47	22.3	18.9	84.8	36.0	1.90	1.61

（三）抗逆性

在田间自然条件下，多数株系叶片易发生霜霉病，但也有抗性强的株系；果实抗炭疽病和白腐能力强；高抗黑痘病，根癌病抗性中等。抗寒性极强。东北的山葡萄枝蔓可耐−40～−50℃的低温，根系可耐−14～−16℃低温。适宜干旱、光照充足、昼夜温差大的气候条件，在高温多雨地区霜霉病严重，土壤pH8.5时叶脉间出现黄化失绿现象（宋润刚等，1999）。

（四）分布

起源于俄罗斯远东地区、朝鲜半岛北部和中国东北部。在我国集中分布于黑龙江的尚志、依兰、五常、勃利、桦川、鸡西、铁力、伊春等县（市）；吉林的蛟河、舒兰、通化、永吉、敦化、安图、延吉、桦南、靖宇、临江、集安、和龙、汪清等县（市）；辽宁的新宾、桓仁、开原、抚顺、本溪、岫岩；内蒙古大青山和蛮汉山等。此外，河北、山东、陕西、甘肃、河南等亦有分布。

（五）评价

山葡萄是葡萄属中抗寒性最强的种，除霜霉病外，也抗其他多种真菌病害，因而是我国长期以来用以酿造甜红葡萄酒最重要的野生资源，同时又是葡萄优质抗寒育种的最重要亲本。

二、毛葡萄（*Vitis quinquangularis* Rehd.）

（一）植物学性状

1. 嫩梢

梢尖桃红或黄绿色，密被丝毛，幼叶上下表面密被丝毛，幼茎包被粉白或粉红色膜。

2. 成龄叶、枝

叶中等大，长12～20cm，宽10～14cm，长卵形或长卵状五角形，全缘或浅三裂；上表面局部有小泡状凸起，下表面密被灰白色丝毛；叶缘锯齿针头状；叶柄洼开张，宽拱形或矢形，基部U形或V形，叶柄长7～13cm。植株生长健旺。卷须间歇性。一年生老枝褐色，遍布脱落性絮状丝毛，外皮常呈条状纵裂，粗0.8～0.9cm，节间长8.3cm，截面近圆形。硬枝扦插生根很困难。

3.花、果、种子

雌雄异株，花香浓郁。雌能花雄蕊5～6枚，比雌蕊短，向外卷曲。果穗小或中等大，单肩圆锥形、圆锥形或分枝形，长9.3～12.7cm，宽7.0～10.8cm，平均重21.3～89.1g；不同株系之间差异较大，商南-24的最大穗重126g。果粒小，重0.52～0.58g，圆形，黑色。本种发现有白果实的变异类型，如丹凤-2。果粉厚，果皮中厚而韧，无涩味，果汁红褐色或桃红色，出汁率61.5%～68.2%，味酸，可溶性固形物13.8%～18.0%，可滴定酸15.6～20.5g/L，种内株系间差较大。每浆果有种子2～3粒，种子中等或较小，椭圆形，喙中等长。不同株系毛葡萄果穗、果粒大小及糖酸含量见表2-4。

表2-4 毛葡萄果穗、果粒大小及糖酸含量

株系	果穗			粒重(g)	出汁率(%)	可溶性固形物(%)	含糖量(%)	可滴定酸(g/L)
	长(cm)	宽(cm)	重(g)					
商南-24	12.7	10.8	89.1	0.54	68.2	17.0	13.8	15.6
丹凤-2	10.6	7.0	21.3	0.58	66.3	15.0	12.0	17.9
泰山-12	9.9	6.4	34.3	0.53	—	18.0	17.0	20.5
南郑-1	9.3	7.4	39.8	0.52	61.5	13.8	10.5	16.6

毛葡萄丹凤-2叶片正面

毛葡萄丹凤-2叶片背面

毛葡萄泰山-12嫩梢

毛葡萄丹凤-2嫩梢

毛葡萄丹凤-2果穗

毛葡萄商南-24叶片正面

毛葡萄商南-24叶片背面

毛葡萄商南-24叶片

毛葡萄商南-24嫩梢

毛葡萄商南-24果穗

毛葡萄泰山-12叶片正面

毛葡萄泰山-12叶片背面

毛葡萄泰山-12嫩梢

（二）生物学性状

1.物候期

4月中旬萌芽，6月上旬开花，8月中旬果实开始成熟，9月中、下旬果实充分成熟。由萌芽至果实充分成熟共约158～163d，为晚熟和极晚熟种，其中商南-24的各主要物候期几乎均早于其他株系（表2－5）。

表2－5 毛葡萄物候期（日／月）

株　系	萌芽始期	开花始期	果实转色期	果实充分成熟期	由萌芽至果实充分成熟天数（d）
商南-24	6/4	4/6	7/8	16/9	163
丹凤-2	14/4	11/6	16/8	23/9	162
南郑-1	10/4	5/6	17/8	24/9	167
旬阳-3	15/4	7/6	15/8	20/9	158
渭南-2	15/4	9/6	18/8	24/9	162
眉县-2	16/4	9/6	19/8	22/9	159
泰山-12	10/4	10/6	12/8	15/9	158

2.结实特性

第一结果枝位于结果母枝基部第二至第三节。第一花序位于结果枝第一至第二节。多年平均资料，各株系果枝率81.5%～90.7%，果枝平均1.88～3.47穗，最多6穗，株系间差异较大。有文献指出，湖南省的毛葡萄一个果枝最多有8穗（魏文娜等，1991）。毛葡萄结实力见表2－6。

表2-6　毛葡萄结实力

株　系	新梢数	果枝数	果枝率（%）	果穗数	果枝平均穗数	结果系数
商南-24	46.8	39.1	83.5	76.8	1.96	1.64
丹凤-2	34.4	31.2	90.7	108.3	3.47	3.15
南郑-1	51.0	45.5	89.2	135.7	2.98	2.66
旬阳-3	44.3	36.7	81.5	117.7	3.26	2.66
泰山-12	30.0	24.6	82.0	46.2	1.88	1.54

（三）抗逆性

叶果高抗黑痘病，几乎是免疫的。果实抗炭疽病能力很强，田间叶、果感病指数分别为20.0和2.5。有的株系果实抗白腐病能力弱，幼果期果穗部分分枝干枯，幼果不脱落而成干僵果，接种的果粒发病率达31.9%。不抗霜霉病，叶片反应型为3～4级。抗根癌病能力中等。

一年生老枝在低温冰箱−20℃时就开始受到冻害，但株系间有差异，起源山东泰山的冻害指数为11.3，起源秦岭以南的为54.3，在−23℃时，两地起源的冻害指数分别为14.0和97.3。

对土壤适应性广，不论在我国气候温暖干燥的黄河流域，还是高温多雨的南方地区，植株生长旺盛，结实力强。

（四）分布

分布于山东泰安、费县、蒙阴、平邑、沂水、临朐、崂山、文登、栖霞；甘肃文县、武都、成县、康县、徽县、两当、舟曲、选县、天水；陕西华县、长安、周至、户县、眉县、宝鸡、商县、丹凤、商南、山阳、镇安、旬阳、南郑、略阳、留坝、洋县、西乡、佛坪；山西南部，河南伏牛山、大别山；江苏云台山；湖北勋西；安徽全椒；湖南芷江、凤凰、石门、长沙、浏阳；浙江建德、宁波、开化、龙泉、景宁、丽水、普陀、文成、鄞县；江西瑞金、安远、石城、永新、宜丰、铜鼓、黎川、萍乡、庐山、梅岭地区；广西马山、都安、大化、东兰、巴马、凤山、忻域、宜州、罗城、河池、平果、隆安、全州、资源、龙胜、永福。其他如广东、云南、贵州、福建等省亦有分布。

（五）评价

首先，毛葡萄叶片净同化率高，是山葡萄的1.5倍，是欧亚种品种白玉霓的1.7倍，而且叶面气孔又无“午休”现象（朱林等，1994），尽管在种内株系间存在着丰产性和糖酸含量显著差异的问题，但它仍是中国葡萄属野生资源中很丰产的一个种。其次，毛葡萄适应我国秦淮南北至长江、珠江流域广袤地区多雨高温的气候条件，长势壮、结果多，因而成为我国南方山区酿酒的最重要的野生资源。

三、桑叶葡萄（*Vitis ficifolia* Bunge）

（一）植物学性状

1. 嫩梢

同毛葡萄。

2. 成龄叶、枝

叶中等或较小，长9～13.5cm，宽7～13.5cm，卵圆至近圆形；多3裂，少5裂；3裂的裂刻浅，开张；5裂的上裂刻中深，开张或轻度闭合，基部圆形或U形，下裂刻浅而开张。下表面密被灰白色丝毛。叶缘锯齿短。叶柄洼宽拱形或矢形，基部U形或V形。叶柄长8～10cm。叶柄与新梢被脱落性絮状丝毛。植株生长势中庸，卷须间歇性。一年生老枝褐色，粗0.64cm，节间长6.0cm，截面圆形，硬枝扦插不易生根。

3. 花、果、种子

雌雄异株。雌能花雄蕊5～6枚，比雌蕊短，向外卷曲，果穗小，双肩圆锥形，平均长10.0cm，宽8.1cm，重30.6g，中紧或松散。果穗中常有小青粒，最多可达35.8%。浆果极小，平均重0.4g，黑色，圆形；果粉厚，果皮薄韧，无涩味。果汁桃红色，出汁率69%，可溶性固形物15%～16%，含酸量10.8～14.5g/L。每个浆果平均种子3～4粒。种子小，卵圆形，喙中长，易与果肉分离。

桑叶葡萄2-6-3嫩梢

桑叶葡萄渭南-3嫩梢

桑叶葡萄渭南-3叶片正面

桑叶葡萄渭南-3叶片背面

桑叶葡萄渭南-3果穗

（二）生物学性状

1.物候期

根据6年的观察资料，萌芽始期在4月4～16日（平均在4月11日），开花始期在5月27日至6月9日（平均在6月7日），浆果始熟期在8月7～21日（平均在8月15日），浆果充分成熟期在9月10～29日（平均在9月22日），由萌芽始期至浆果充分成熟期共163d，为晚熟或极晚熟种。

2. 结实特性

第一结果枝位于结果母枝基部第二至第三节，第一花序位于果枝第二至第三节。根据4年平均资料，果枝率88.0%，果枝平均3.1穗，最多一个果枝有6穗，结实系数2.71穗。

（三）抗逆性

高抗炭疽病，室内接种的果实发病率为2.0%；不抗白粉病，叶片自然感病严重度为56.4；对根癌病抗性中等。其他抗逆性与毛葡萄相似。

（四）分布

分布于青海西倾山区；宁夏六盘山；甘肃徽县、两当、成县，陕西商县、丹凤、商南、山阳、镇安；山东泰安、费县、蒙阴、沂水、崂山；河南太行山、伏牛山、大别山、桐柏山；安徽全椒；湖北郧西。还有湖南、江西、浙江、福建、广东、广西、贵州诸省（自治区）。

（五）评价

除叶形外，其他性状与毛葡萄相似。

四、蘡薁葡萄（*Vitis adstricta* Hance.）

（一）植物学性状

1. 嫩梢

梢尖桃红至鲜红色，密被丝毛；幼叶上表面金黄或红黄色，有光泽，下表面灰白色，丝毛密，有的周缘桃红色；幼茎阳面紫红，阴面橙黄色；卷须红色；幼茎、叶柄和卷须被脱落性絮状丝毛。

2. 成龄叶、枝

叶小至极小，长9.0～12.5cm，宽7.6～11.0cm，平展，近圆形，多3裂，少5裂，裂刻浅或中，开张，基部近圆形；上表面有泡状凸起，下表面被中密或密丝毛。叶缘锯齿双侧直或双侧凸，叶柄洼开张，拱形，基部U形；叶柄长5.8～6.6cm。新梢和叶柄被脱落性絮状丝毛。植株长势中庸，卷须间歇性。一年生老枝灰色，表面有条纹和脱落性丝毛，茎粗0.58cm，节间长6～7cm，截面圆形，扦插成活率高。

3. 花、果、种子

雌雄异株。雌能花雄蕊5～6枚，比雌蕊短，向外卷曲。果穗极小，单、双肩圆锥形，中紧，长4.0～8.0cm，宽3.2～5.1cm，重8.5～18.6g。果粒极小，重0.5g以内，圆形，黑色；成熟不一致，有小青粒，最多一个果穗可达30%左右。果皮中厚，无涩味，汁中多，紫红色，出汁率65%左右，味酸甜，可溶性固形物15%～16%，可滴定酸7.6～8.7g/L。每个浆果有种子3粒。种子小，卵圆或近圆形，喙中等长。蘡薁葡萄果穗、果粒大小及糖酸含量见表2-7。

蘡薁安林-28叶片正面

蘡薁安林-28叶片背面

蘡薁安林-28嫩梢

蘡薁泰山-1叶片

蘡薁泰山-1叶片正面

蘡薁泰山-1叶片背面

蘡薁泰山-1嫩梢

表2-7 蘡薁葡萄果穗、果粒大小及糖酸含量

株 系	果 穗			粒重 (g)	出汁率 (%)	可溶性固形物（%）	含糖量 (%)	可滴定酸 (g/L)
	长 (cm)	宽 (cm)	重 (g)					
安林-28	4.0	3.2	8.5	0.38	66.0	16.2	15.8	7.61
泰山-1	8.0	5.1	18.6	0.47	65.0	15.5	15.0	8.72

（二）生物学性状

1.物候期

3月下旬萌芽，5月上旬开花，7月上旬果实开始转熟。果实充分成熟期的两个不同产地的株系差异较大，泰山-1在8月上旬，安林-18在8月下旬前期，二者差异达19d。由萌芽至果实充分成熟，泰山-1需要131d，为早中熟种，安林-28需要147d，为中晚熟种（表2−8）。

表2−8 蘡薁葡萄物候期（日／月）

株 系	萌芽始期	开花始期	果实转色期	果实充分成熟期	由萌芽至果实充分成熟天数（d）
安林-28	27/3	7/5	10/7	21/8	147
泰山-1	23/3	2/5	6/7	2/8	131

2.结实特性

第一结果枝位于结果母枝基部第一至第二节，第一果穗在果枝第二节，果枝率87.2%～93.2%，果枝平均2.6～2.8穗，一个果枝最多有6穗。蘡薁葡萄结实力见表2−9。

表2-9　蘡薁葡萄结实力

株　系	新梢数	果枝数	果枝率（%）	果穗数	果枝平均穗数	结果系数
林洼-28	37.8	35.2	93.2	99.6	2.83	2.64
泰山-1	57.8	50.5	87.2	132.3	2.62	2.29

（三）抗逆性

不论田间调查和人工接种试验，叶片霜霉病的反应型均为4级，表现严重感病；对白粉病、白腐病和炭疽病的抗性中等；叶片、果实对黑痘病和枝条对根癌病具有极强的抗性。根系不抗根结线虫（翟衡等，2001）。抗寒性强，在−28℃低温下，一年生枝条仍有22.2%～32.5%的萌芽率。

（四）分布

分布于山东泰安、博山、淄川；河南伏牛山、太行山、大别山和桐柏山；江苏云台山、句容；安徽全椒、芜湖；浙江临安、杭州、奉化、宁波、定海、象山、义乌、台州、温岭、瑞安、重阳；江西龙南、崇义、兴国、南康、瑞金、会昌、资溪、永新、泰和、铜鼓、井冈山、吉安、黎川、九江、修水、南昌；广西上思、昭平、十万大山；四川普格；福建泰宁。还有湖北、湖南、云南、广东、台湾等省也有分布。

（五）评价

蘡薁葡萄结实系数高，有丰产潜力；抗寒、抗旱性强，适应性广，总酸含量在野生种中是很低的。实验室小型试酿的葡萄酒，经过一年陈酿后香气与柔和指数良好，有望成为酿酒资源；高抗根癌病又极易扦插成活，可用作葡萄抗逆性砧木。该种主要缺点是不抗霜霉病，果穗极小且成熟后有青粒。

五、浙江蘡薁（*Vitis zhejiang-adstricta* P. L. Chiu）

（一）植物学性状

1. 嫩梢

与蘡薁葡萄相同。

2. 成龄叶、枝

叶小，长10.3～12.2cm，宽8.9～12.0cm，截面较平，近圆形；多5裂，罕7裂，裂刻深至极深，上侧裂刻开张或少数轻度重叠，基部U形或圆形；上表面遍布小泡状凸起，下表面密被灰白或锈色茸毛。叶缘锯齿双侧直或双侧凸、一侧直一侧凸。叶柄洼开张拱形或椭圆形。叶柄长4～6cm，与新梢共被脱落性絮毛。树体旺盛，卷须间歇性。一年生老枝灰褐色，粗0.62cm，节间长8.2cm，截面扁圆形。

浙江蘡薁安林-18嫩梢

浙江蘡薁安林-18嫩梢

浙江蘡薁安林-18叶片正面

浙江蘡薁安林-18叶片背面

浙江蘡薁安林-18结果状

浙江蘡薁安林-18结果状

浙江蘡薁安林-18结果状

3.花、果、种子

雌雄异株。雌能花中雄蕊5～6枚，明显短于雌蕊，向外卷曲，果穗极小，圆柱或单肩圆锥形，中紧或紧凑，平均长8.8cm，宽5.2cm，重33.0g。果粒小，重0.84g，黑色，圆形；果皮薄韧，无涩味，果肉极软，汁深红色，味甜酸爽口，出汁率88%，可溶性固形物16.5%，可滴定酸7.55g/L。每浆果有种子2～4粒。种子小，卵圆形，喙短。

（二）生物学性状

1.物候期

多年平均资料，萌芽始期为3月9日（3月5～12日），开花始期为4月29日（4月25日至5月3日），浆果转色期为6月30日（6月28日至7月4日），浆果充分成熟期为7月23日（7月20～26日）。由萌牙至浆果充分成熟为136d，属中熟种。

2.结实特性

第一结果枝位于结果母枝基部第一至第二节，第一花序位于果枝第一至第二节。根据多年平均资料，果枝率98.2%，每个果枝有2.96穗，最多4穗。结实系数2.91穗。

（三）抗逆性

叶、果不感黑痘病，浆果抗炭疽病能力很强（接种发病率仅5.6%～8.3%），但易感白腐病（接种果实发病率为61%）。高抗根癌病。

（四）分布

与蘡薁葡萄大体相同。

（五）评价

浙江蘡薁在我国曾经有多种名称，如华北葡萄（*V. bryoniafolia* Bunge）、董氏葡萄（*V. thunbergii* Sieb. et Zucc.）、多裂蘡薁［*V. adstricta thunbergii*（Sieb. et Zucc.）var. *adstricta*（Hance）Gagn］等。本种与蘡薁的主要区别在于叶片裂刻多而深，叶背密被茸毛而非丝毛。

六、麦黄葡萄（*Vitis bashanica* P. C. He）

（一）植物学性状

1.嫩梢

梢尖鲜红色，密布丝毛；幼叶上表面黄至橙黄色，周边附加桃红色，下表面因丝毛密而呈灰白色并附加桃红色；幼茎向阴面紫红色。

2.成龄叶、枝

叶极小，平均长6.3～8.3cm，宽5.1～6.3cm。全缘，卵状五角形；上表面粗糙，遍布泡状凸起，下表面密被锈色丝毛。叶缘锯齿双侧直。叶片基部平直，几无洼。叶柄长

3.6～3.7cm，有脱落性丝毛。树势弱，卷须间歇性。枝极纤细，副梢萌发力强。一年生老枝灰褐色，有条纹和脱落性丝毛，粗0.47cm，节间长5cm左右，截面圆形。硬枝扦插生根率很低。

3. 花、果、种子

雌雄异株。雌能花中雄蕊5～6枚，比雌蕊稍短，向外卷曲，果穗极小，圆柱或圆锥形，坐果率极低，一个果穗往往仅有3～5个果粒。果粒小，浆果含可溶性固形物14%左右，可滴定酸12.2～13.5g/L。每个浆果有种子1～3粒。种子小，近圆形，喙短，易与果肉分离。麦黄葡萄果穗、果粒大小与糖酸含量如表2－10。

表2–10　麦黄葡萄果穗、果粒大小与糖酸含量

株　系	果　穗			粒重（g）	可溶性固形物（%）	可滴定酸（g/L）
	长（cm）	宽（cm）	重（g）			
白河-41	3.7	2.3	7.6	0.68	14.0	13.5
白河-42	3.4	2.4	4.1	0.72	13.9	12.2

麦黄葡萄白河-41叶片正面

麦黄葡萄白河-41叶片背面

麦黄葡萄白河-42叶片正面

麦黄葡萄白河-42叶片背面

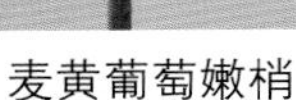

麦黄葡萄嫩梢

麦黄葡萄果穗

（二）生物学性状

1.物候期

4月初萌芽，5月中旬开花，7月中、下旬果实转色，8月中、下旬果实完全成熟，由萌芽至果实完全成熟需要140～150d，为中晚熟种（表2－11）。

表2–11　麦黄葡萄物候期（日／月）

株　系	萌芽始期	开花始期	果实转色期	果实充分成熟期	由萌芽至果实充分成熟天数（d）
白河-41	1/4	14/5	17/7	18/8	140
白河-42	1/4	15/5	27/7	29/8	149
旬阳-8	4/4	15/5	20/7	28/8	146

2.结实特性

第一结果枝位于结果母枝第二至第三节，第一花序位于结果枝第一至第二节。在结实力诸要素中，株系间差异较大，其中果枝率、果枝平均穗数和结实系数均以白河-42最高，旬阳-8最低。白河-41和白河-42一个果枝最多有5穗。麦黄葡萄结实力见表2－12。

表2–12　麦黄葡萄结实力

株　系	新梢数	果枝数	果枝率（%）	果穗数	果枝平均穗数	结实系数
白河-41	40.6	32.3	79.6	79.7	2.47	1.97
白河-42	27.1	23.3	86.0	61.5	2.64	2.27
旬阳-8	28.7	15.8	55.1	31.2	1.98	1.09

（三）抗逆性

叶片对霜霉病、白粉病和果实对白腐病抗性中等，但果实对炭疽病有很强抗性；抗寒性弱，在−25℃时一年生枝条已全部失去萌发力，在−20℃时芽眼萌发率仅有7.9%～15.6%。

（四）分布

分布于陕西白河、旬阳等县（市）。

（五）评价

树势极弱，枝条纤细；果穗极小而坐果率很低；抗寒性差。无重要利用价值。

七、麦黄复叶葡萄（*Vitis baihensis* L.X. Niu）

（一）植物学性状

1. 嫩梢

梢尖桃红色，密被丝毛。幼叶上表面金黄色，有桃红色条纹；下表面因密被丝毛而呈灰白色并有红色条纹。嫩茎阳面暗红色。

2. 成龄叶、枝

叶小，3～5复叶，全叶近圆形，长11.6～12.6cm，宽9.0～10.6cm，上表面有小泡状凸起，下表面锈色，丝毛密；叶缘锯齿稀疏，双侧直；叶柄洼闭合椭圆形或开张矢形。叶柄长5.5～6.3cm，叶柄与枝条密被灰白色丝毛。植株长势中庸，卷须间歇性。当年生老枝褐色，有细条纹，被中密丝毛，枝粗0.58cm，节间长6.7cm，截面扁圆，硬枝扦插有30%左右生根率。

3. 花、果、种子

雌雄异株。雌能花中雄蕊5～6枚，比雌蕊短，向外卷曲，果穗极小，平均长7.1cm，宽4.3cm，重26.7g，圆锥形或单肩圆锥形，中等紧密，成熟较一致。浆果黑色，圆形，小，重0.6g。果皮薄韧，无涩味，汁紫红色，出汁率70.3%。味酸甜，可溶性固形物18%。每个浆果有种子1～3粒，多3粒。种子小，近圆形，喙短。

麦黄复叶白河-40叶片正面

麦黄复叶白河-40叶片背面

麦黄复叶葡萄嫩梢

（二）生物学性状

1.物候期

根据多年资料，3月底萌芽，5月15日前后开花，8月下旬果实转色始熟。至于果实充分成熟期，两个株系有明显差异，一个在8月下旬初，另一个在9月初，相差11d。由萌芽至果实充分成熟，前者需要145d，后者需要154d，为晚熟种（表2－13）。

表2–13　麦黄复叶葡萄物候期（日／月）

株　系	萌芽始期	开花始期	果实转色期	果实充分成熟期	由萌芽至果实充分成熟天数（d）
白河-40	29/3	13/5	22/7	21/8	145
白河-117	31/3	16/5	28/7	1/9	154

2.结实特性

第一结果枝位于结果母枝第一至第二节，第一花序位于果枝第二至第三节。根据4～6年的统计资料，白河-40的果枝率及果枝平均穗数均明显高于白河-117（表2－14）。

表2–14　麦黄复叶葡萄结实力

株　系	新梢数	果枝数	果枝率（%）	果穗数	果枝平均穗数	结实系数
白河-40	30.5	28.1	92.1	74.6	2.65	2.45
白河-117	96.5	73.1	75.8	152.8	2.09	1.58

（三）抗逆性

在田间自然条件下不抗霜霉病，较抗白粉病和炭疽病，叶、果不发生黑痘病。高感根癌病。

抗寒性弱，在−23℃低温下的枝条已失去萌发力。

（四）分布

陕西省白河、旬阳。

（五）评价

本种果汁紫红色，可溶性固形物含量较高，可用作红葡萄酒品种育种资源。

八、秋葡萄（*Vitis romanetii* Roman.）

（一）植物学性状

1.嫩梢

梢尖、幼茎黄绿色，幼叶上表面金黄或橙红色，有光泽，下表面黄绿色；梢尖幼叶下表面及幼茎和叶柄密生黄绿色腺毛；另外一类的幼叶上表面橙红色，下表面及其他嫩梢组织密生深红色腺毛。

2.成龄叶、枝

叶大或极大，长20～29cm，宽18～23cm，卵圆形，全缘，有的浅3裂；上表面粗糙，遍布大、中型泡状凸起，下表面锈褐色，密布茸毛，叶脉上有腺毛；叶缘锯齿浅，双侧凸，齿尖长，有的株系锯齿极浅，针头状。叶柄洼开张，矢形，基部V形。叶柄长5.1～12.8cm，密生腺毛。

树势极旺，卷须间歇性。当年生老枝黄褐色，表面有条纹，密生腺毛，截面椭圆或圆形，粗0.7～0.8cm，节间长8.6～12.8cm。扦插成活率12.5%～72.7%，株系间差异很大。

3.花、果、种子

雌雄异株。雌能花中雄蕊5枚，与雌蕊等高或较短，水平外向。果穗小，圆锥或单肩圆锥形，松散至极松散，平均长12.1～15.8cm，重24.1～40.9g，最大穗重119.0g；果粒极小，重0.45～0.52g，圆形黑色。果粉厚，果皮薄韧，无涩味，果肉软，多汁，汁紫红或砖红色，无异味，出汁率64.2%～70.4%。可溶性固形物16.0%～17.8%，含酸量10.30～14.20g/L。每浆果有种子2～3粒，多3粒。种子小，卵圆至长卵形，喙短。易与果肉分离。秋葡萄果穗、果粒大小与糖酸含量见表2−15。

表2-15　秋葡萄果穗、果粒大小与糖酸含量

株　系	果　穗			浆果重（g）	出汁率（%）	可溶性固形物（%）	可滴定酸（g/L）
	长（cm）	宽（cm）	重（g）				
留坝-1	12.5	7.3	24.1	0.43	—	17.8	14.20
留坝-2	13.1	7.5	40.9	0.52	70.4	16.0	10.95
留坝-11	15.0	7.5	39.4	0.45	64.2	17.1	10.30
平利-7	14.0	7.4	31.9	0.48	69.6	16.7	11.14
江西-1	12.1	6.7	38.7	—	66.5	17.1	12.75
江西-2	15.8	7.4	30.8	0.50	70.4	15.8	10.95

秋葡萄留坝-1嫩梢

秋葡萄留坝-1叶片

秋葡萄留坝-1叶片正面

秋葡萄留坝-1叶片背面

秋葡萄留坝-11嫩梢

秋葡萄留坝-11叶片正面

秋葡萄平利-7叶片正面

秋葡萄平利-7叶片背面

秋葡萄平利-7嫩梢

秋葡萄江西-1嫩梢

秋葡萄江西-1叶片正面

秋葡萄江西-1叶片背面

秋葡萄江西-2嫩梢

秋葡萄江西-2嫩梢

秋葡萄江西-2叶片正面

秋葡萄江西-2叶片背面

秋葡萄江西-2果穗

秋葡萄江西-21结果状

（二）生物学性状

1.物候期

根据多年的平均观察记载，3月下旬萌芽，4月底至5月初开花，7月中旬果实开始成熟期，充分成熟期主要在8月上、中旬，少数在8月18～23日，在总体上属于中熟种，少数为中晚熟株系（表2－16）。

表2–16　秋葡萄物候期（日／月）

株　系	萌芽始期	开花始期	果实始熟期	果实充分成熟期	由萌芽至果实充分成熟天数（d）
平刊-7	23/3	1/5	11/7	31/7	131
留坝-1	24/3	29/4	13/7	8/8	137
留坝-13	25/3	5/5	9/7	5/8	133
商南-23	29/3	6/5	29/7	23/8	147
白河-22	25/3	2/5	10/7	18/8	147
江西-1	27/3	3/5	17/7	6/8	132
江西-2	24/3	3/5	17/7	8/8	131

2.结实特性

第一果枝着生于结果母枝基部第一至第二节。第一果穗生于果枝第二节，果枝率72.6%～88.8%，果枝平均穗数2.1左右，最多1个果枝有4穗。

（三）抗逆性

叶片和果实高抗黑痘病，也较抗白粉病。果实对炭疽病和白腐病的抗性在株系间差异较大，由高抗到不同程度感病。在田间自然条件下，叶片对霜霉病反应型为2～4级，也存在抗性的明显差异。抗寒性弱，有的株系在人工 −23℃低温下，枝条萌芽率仅有11%。

（四）分布

分布于甘肃天水、武山、两当、徽县、成县、漳县、武都、康县、舟曲、迭部、文县；陕西眉县、商县、丹凤、山阳、商南、留坝、宁强、略阳、白河；河南伏牛山、大别山、桐柏山；江苏南部；湖北郧西；湖南凤凰、石门、浏阳；浙江临安、淳安。此外，还有四川、安徽、广西、广东等省（自治区）。

（五）评价

本种生长健旺，果实含糖量较高而含酸量较低，但一些株系的果穗普遍存在小青粒，有的多达25%左右。小型试酿的葡萄酒酒质良好，可用作酿酒资源。

九、复叶葡萄（*Vitis piasezkii* Maxim.）

（一）植物学性状

1. 嫩梢

梢尖黄绿色，被中密茸毛，外缘有红色斑点。幼叶上表面橙黄色，有光泽，下表面茸毛中或密。幼茎向阳面多紫红色。幼茎与叶柄有腺毛。

2. 成龄叶、枝

3～5复叶，以3复叶为主，在一个枝条上往往混生单叶。整体复叶近圆形或扁圆形，中等大，长15.2～17.3cm，宽13.5～14.1cm；上表面较粗糙，有小泡状凸起，下表面叶脉上着生疏密不同的茸毛；叶缘锯齿双侧直或双侧凸，有的锯齿极短，齿尖针头状。叶柄洼开张矢形，基部V形。植株生长势强至极强，卷须间歇性。一年生老枝灰褐色，粗0.7～0.8cm，节长7.4～8.8cm，截面近圆形，扦插成活率70%左右。

3. 花、果、种子

雌雄异株。雌能花中雄蕊5～6枚，比雌蕊短，向外卷曲。果穗极小，平均长4.6～9.8cm，宽3.0～5.1cm，重7.8～12.5g；圆锥形或带副穗，极松散。浆果极小，大多数株系在0.5g以内，圆形，黑色，成熟不一致，有小青粒。果皮中厚而韧，无涩味，汁少，桃红或红色，味酸甜，可溶性固形物14.8%～16.0%，可滴定酸7.43～10.77g/L。每个浆果有种子1～3粒，种子中等大，圆形或卵圆形，喙短，较难与果肉分离。复叶葡萄果穗、果粒大小与糖酸含量见表2－17。

表2-17　复叶葡萄果穗、果粒大小与糖酸含量

株　系	果　穗			浆果重 (g)	出汁率 (%)	可溶性固形物 (%)	含糖量 (%)	可滴定酸 (g/L)
	长 (cm)	宽 (cm)	重 (g)					
留坝-6	9.8	3.0	11.8	0.42	—	14.8	—	9.30
留坝-8	7.1	5.1	8.0	0.31	—	15.5	14.8	10.77
留坝-9	7.5	5.0	12.5	0.52	68.0	16.0	15.3	7.43

复叶葡萄留坝-6叶片正面

复叶葡萄留坝-6叶片背面

复叶葡萄留坝-6嫩梢

复叶葡萄留坝-8嫩梢

复叶葡萄留坝-8叶片正面

复叶葡萄留坝-8叶片背面

复叶葡萄留坝-8嫩梢

复叶葡萄留坝-9嫩梢

复叶葡萄留坝-9叶片正面

复叶葡萄留坝-9叶片背面

复叶葡萄留坝-9叶片正面

复叶葡萄留坝-9叶片背面

（二）生物学性状

1.物候期

多年平均资料，3月底萌芽，5月上旬开花，7月中旬果实转熟，8月中旬果实完全成熟。由萌芽始期至果实完全成熟期共计141～146d，为中熟种（表2－18）。

表2－18 复叶葡萄物候期（日／月）

株 系	萌芽始期	开花始期	果实始熟期	果实充分成熟期	由萌芽至果实充分成熟天数（d）
留坝-6	29/3	11/5	29/7	21/8	145
留坝-8	29/3	1/5	13/7	16/8	141
留坝-9	28/3	4/5	12/7	16/8	142

2.结实特性

第一果枝位于结果母枝基部第一至第二节，第一果穗位于结果枝第一至第二节。果枝率79.0%～93.5%，果枝平均2.2～2.6穗，最多5穗，结实系数1.8～2.5。复叶葡萄结实力如表2－19。

表2－19 复叶葡萄结实力

株 系	新梢数	果枝数	果枝率（%）	果穗数	果枝平均穗数	结实系数
留坝-6	38.3	31.5	82.3	67.4	2.14	1.76
留坝-8	34.7	27.4	79.0	61.3	2.24	1.77
留坝-9	24.7	23.1	93.5	61.5	2.66	2.49

（三）抗逆性

根据霜霉病田间自然发病调查，反应型为1.3～4级，株系间有抗性强、中、弱的差异。在田间自然情况下，果实不发生白腐病和炭疽病，接种时有抗性强、中、弱的差异。高抗根癌病，抗寒性较强。

（四）分布

分布于宁夏固原；甘肃平凉、正宁、天水、两当、徽县、漳县、武山、成县、武都、文县、康县、迭部、舟曲；陕西白水、眉县、华县、商县、丹凤、山阳、留坝、白河、南郑；河南伏牛山、太行山、大别山、桐柏山；湖北郧西；湖南石门及湘西各县；江西兴国。还有四川东部及东南部，浙江、广东、广西、云南等省（自治区）。

（五）评价

见少毛复叶葡萄。

十、少毛复叶葡萄
［*Vitis piasezkii* var. *pagnucii*（Roman. et Planch.）］

（一）植物学性状

1.嫩梢

梢尖黄绿色，幼叶橘黄色，幼茎、卷须紫红色，梢尖幼叶下表面和幼茎均光滑无毛。

2.成龄叶、枝

叶小或中等大，长12.4～18.5cm，宽12.4～16.3cm，近圆至卵圆形，多数为3或5复叶，少数为单叶；上表面粗糙，遍布泡状凸起，下表面浅绿色，无毛；叶缘锯齿双侧直或双侧凸。叶柄洼开张，宽拱形或矢形，基部U形或V形。叶柄长8.3～13.1cm。

植株生长势强，卷须间歇性。一年生老枝灰白或红褐色，表面有条纹，粗0.7～0.8cm，节间长6.4～7.8cm，截面近圆形。扦插成活率55%左右。

3.花、果、种子

雌雄异株。雌能花雄蕊5～6枚，雄蕊比雌蕊稍短或等长，稍直立或水平向外。果穗极小，长6.3～7.9cm，宽4.3～6.2cm，重10.0～14.5g，穗形多种多样：柱形带副穗、圆锥形或分枝形，极松散。果粒极小或小，圆或扁圆形，黑色，皮薄韧，无涩味，汁少，桃红或红褐色，味酸，出汁率62%～68%，含可溶性固形物13%～15.7%，可滴定酸10.95～20.70g/L。种子中等大，近圆或椭圆形，喙短或中长。每果含种子1～4粒，多2粒。种子与果肉不易分离。少毛复叶葡萄果穗、果粒大小及糖酸含量见表2-20。

表2-20　少毛复叶葡萄果穗、果粒大小及糖酸含量

株　系	果　穗			果粒重（g）	出汁率（%）	可溶性固形物（%）	可滴定酸（g/L）
	长（cm）	宽（cm）	重（g）				
华县-1	6.4	6.0	14.5	0.5	—	14.0	14.67
白水-40	6.3	4.3	14.0	0.5	61.9	15.7	10.95
天水-91	7.9	6.2	10.4	0.4	—	13.0	20.70
固原-1	6.6	4.6	10.0	0.6	68.1	13.3	—

复叶葡萄华县-1叶片正面

复叶葡萄华县-1叶片背面

复叶葡萄白水-40叶片正面

复叶葡萄白水-40叶片背面

复叶葡萄白水-40嫩梢

复叶葡萄天水-91嫩梢

复叶葡萄天水-91叶片正面

复叶葡萄天水-91叶片背面

（二）生物学性状

1.物候期

根据多年平均资料，3月下旬至4月初萌芽，4月下旬至5月初开花，7月中旬果实转色成熟，8月中、下旬果实完全成熟。由萌芽至果实完全成熟共约140～150d，为中、中晚熟种（表2－21）。

表2－21 少毛复叶葡萄物候期（日／月）

株 系	萌芽始期	开花始期	果实转色期	果实充分成熟期	由萌芽至果实成熟天数（d）
华县-1	29/3	1/5	16/7	26/8	150
白水-40	26/3	1/5	13/7	16/8	144
天水-91	24/3	24/4	12/7	14/8	142
固原-1	2/4	5/5	14/7	17/8	140

2. 结实特性

第一结果枝位于结果母枝第一至第二节，第一果穗位于果枝第一节。果枝率67.4%～94.4%，果枝平均2.4～3.0穗，最多1个果枝5穗，结果系数1.62～2.56（表2－22）。

表2–22　复叶葡萄结实力

株　系	新梢数	果枝数	果枝百分率（%）	果穗数	果枝平均穗数	结实系数
华县-1	33.9	32.0	94.4	81.9	2.56	2.42
白水-40	34.7	31.3	90.2	75.9	2.37	2.42
天水-91	27.0	22.7	84.1	69.2	3.05	2.56
固原-1	38.9	26.2	67.4	62.9	2.40	1.62

（三）抗逆性

不抗霜霉病，果实对白腐病抗性中等；高抗黑痘病。抗寒性强。

（四）分布

青海西倾山区，其他分布地与复叶葡萄大致相同。

（五）评价

复叶葡萄与其变种少毛复叶葡萄的主要区别在于前者的幼叶下表面密被茸毛和成龄叶背面被有疏密不同的茸毛，后者则无毛。

在我们种植保存的中国野生葡萄种质资源圃中，复叶葡萄全部采自秦岭中部及南麓温暖湿润的留坝、南郑等县，而少毛复叶葡萄均采自秦岭北麓的华县及渭北的白水、甘肃天水及宁夏固原等地，这也许是一种巧合。我们的研究表明，宁夏固原的少毛复叶葡萄的抗寒性最强，这可能与其生态地理起源有关。

复叶葡萄及其变种的果穗极小，坐果率低又有小青粒。但植株长势旺，高抗根癌病，扦插成活率尚高，因而在北方干旱、半干旱地区可用作欧亚种品种的嫁接砧木。

十一、刺葡萄［*Vitis davidii*（Roman.）Foex］

（一）植物学性状

1. 嫩梢

梢尖黄绿或有红色斑点；幼叶上表面橙黄或浅紫红色，有光泽，下表面光滑无毛；锯齿黄绿色；幼茎、叶柄黄绿色，着生中、密刺毛。

2. 成龄叶、枝

叶片中等至极大，长16.3～21.9cm，宽13.4～20.0cm，卵形或近圆形，上表面平滑或较粗糙，粗糙者密生小泡状凸，下表面灰白或灰绿色，有的叶脉上有皮刺；叶缘锯齿双侧直，有的锯齿极浅，齿尖针头状。叶柄洼开张矢形；叶柄长8.3～13.8cm，有皮刺。植株生长健旺至极旺，卷须间歇性。一年生老枝褐色，粗0.7～1.1cm，节间长6.8～10.5cm，着生中、密皮刺，截面圆形。硬枝扦插成活率17%～100%。

3. 花、果、种子

雄花、雌能花和两性花均有。两性花雄蕊5～6枚。雌能花雄蕊4～5枚，与雌蕊等高或较短，水平向外或卷曲。

果穗细长柱形、细长圆锥形或长分枝形，中等或大，长13.6～21.9cm，宽5.6～7.0cm，重45.0～164.0g，最大穗重250g，松散或极松散。果粒大，重1.8～2.5g，最大粒重3.7g（石雪晖，2005），成熟一致，圆形或椭圆形，黑色，果粉厚，果皮极厚韧，无涩味，果肉有肉囊，不易与种子分离。味甜酸爽口，汁中多，鲜红或近无色，出汁率68.8%～76.5%。可溶性固形物11.0%～15.6%，可滴定酸仅5.06～6.37g/L（表2－23）。每果实有种子3粒左右，果柄长5～8.4mm，种子大，卵圆形，喙中长。

表2–23　刺葡萄果穗、果粒大小及糖酸含量

株　系	果　穗			果粒重（g）	出汁率（%）	可溶性固形物（%）	可滴定酸（g/L）
	长（cm）	宽（cm）	重（g）				
济南-1	21.9	7.0	164.0	1.8	68.8	11.0	6.37
塘尾（⚥）	17.4	6.6	79.8	2.2	73.0	13.9	5.62
福建-4	17.8	6.3	88.7	2.5	71.0	14.0	5.06
雪峰（⚥）	13.6	5.6	45.0	2.3	76.5	15.6	5.25

刺葡萄济南-1叶片正面

刺葡萄济南-1叶片背面

刺葡萄济南-1嫩梢

刺葡萄济南-1果穗

刺葡萄福建-4叶片正面

刺葡萄福建-4叶片背面

刺葡萄福建-4叶片

刺葡萄福建-4 嫩梢

刺葡萄福建-4果穗

刺葡萄略阳-4叶片正面

刺葡萄略阳-4叶片背面

刺葡萄略阳-4嫩梢

刺葡萄略阳-4果穗

刺葡萄塘尾嫩梢

刺葡萄塘尾叶片

刺葡萄塘尾果穗

刺葡萄塘尾叶片正面

刺葡萄塘尾叶片背面

刺葡萄雪峰嫩梢

刺葡萄雪峰叶片

刺葡萄雪峰果穗

刺葡萄雪峰叶片正面

刺葡萄雪峰叶片背面

（二）生物学性状

1. 物候期

根据多年观察记载，除济南-1外，其余多数株系的萌芽期在4月上旬，开花期在5月中旬，果实转色期差异较大，由7月下旬至8月中旬，果实充分成熟期在9月上、中旬，属于晚熟和极晚熟种（表2－24）。

表2–24　刺葡萄物候期（日／月）

株　系	萌芽始期	开花始期	果实转色期	果实充分成熟期	由萌芽至果实成熟天数（d）
济南-1	20/4	25/3	10/8	11/9	144
塘尾	7/4	19/5	4/8	7/9	153
雪峰	6/4	12/5	27/7	9/9	156
略阳-4	4/4	11/5	16/8	12/9	161
福建-4	2/4	10/5	1/8	9/9	160
江西-4	2/4	11/5	17/8	12/9	163

2. 结实特性

第一结果枝位于结果母枝第二至第三节。第一果穗位于结果枝第二至第三节，果枝率66.2%～93.1%，果枝平均穗数1.48～2.02个，结果系数1.0～1.7（表2－25）。

表2–25　刺葡萄结实力

株　系	新梢数	果枝数	果枝率（%）	果穗数	果枝平均穗数	结实系数
济南-1	37.4	30.7	82.7	62.1	2.02	1.66
塘尾	41.7	33.2	79.6	54.5	1.64	1.31
雪峰	29.3	19.4	66.2	31.7	1.63	1.02
略阳-4	29.2	19.8	67.8	32.7	1.65	1.12
福建-4	36.0	33.5	93.1	49.5	1.48	1.38
宁强-5	34.9	27.5	78.8	53.6	1.95	1.54

（三）抗逆性

叶果高抗黑痘病、白腐病和炭疽病，对白粉由高抗到严重感病。对根癌病抗性中等。抗寒性弱，在－20℃低温处理下，一年生枝条髓部开始由黄色变为黄褐色，芽眼萌发率仅有4.2%，－25℃时已全部失去萌发力。

（四）分布

分布于甘肃南部文县、武都、康县、两当、徽县、舟曲；陕西南部的商县、宁强、略阳；河南伏牛山、大别山、桐柏山；湖南西部、西北部及南部山区的洪江、芷江、中方、怀化、麻阳、凤凰、吉首、黔阳；江西玉山、石城、瑞金、南昌（梅岭地区）、泰和、大余、铜鼓、上饶；浙江开化、淳安、临安、建德、桐庐、诸暨、金华、遂昌、龙泉、景宁、丽水、镇海、鄞县、象山、天山、乐清、温州、平阳以及广西那坡，福建，江苏南部，安徽及湖南等地。

（五）评价

刺葡萄是中国野葡萄资源中一个很重要的种，具有一系列特点。首先是果粒最大，可达3.4g；其次是综合抗病力强；第三，各地均有两性花品系，南方一些省用作为鲜食品种栽培；第四，适应我国南方高温、高湿的气候条件；第五，果肉有肉囊，但无美洲种的“狐臭”味，鲜食品质良好。因此，刺葡萄是可以直接鲜食和制汁的重要资源。

十二、裂叶刺葡萄
（*Vitis davidii* var. *ningqiangensis* L. X. Niu）

（一）植物学性状

1. 嫩梢

梢尖绿色，有疏刺毛；幼叶紫红，上表面平滑光亮，下表面叶脉上疏生刺毛；幼茎及叶柄绿色，密生刺毛；卷须紫红色，叶缘锯齿绿色。

2. 成龄叶、枝

叶中等或大，平均长20cm，宽16.2cm，全叶卵圆至扁圆形，3裂，中心裂片短卵圆状五角形，裂刻浅至中深，开张，基部V形；上表面光滑平展，有光泽，下表面灰绿色，叶脉上有刺痕；叶缘锯齿疏而浅，齿尖针头状；叶柄洼开张，矢形，或基部稍闭合；叶柄长10.1～13.8cm，有皮刺。植株生长势强，卷须间歇性。一年生老枝红褐色，皮刺中大而密，径粗0.89cm，节间长7.2cm，横切面椭圆形，扦插成活率中等。

3. 花、果、种子

雌雄异株，雌能花雄蕊6枚，花丝短，水平向外稍卷曲。果穗小至中等大，细长柱形或细长圆锥形，松散至极松散，长10.3～19.5cm，宽5.1～8.9cm，平均重46.5g，最大穗重108.2g。果粒中等大，成熟一致，平均重2.0g，圆形，黑色，果粉厚。果皮极厚而韧，无涩味，果肉有肉囊，汁中多，出汁率65%左右，味酸甜适口。可溶性固形物12%。每果有种子3～4粒，种子大，长卵形，喙长（表2-26）。

表2-26　裂叶刺葡萄果穗、果粒大小及糖酸含量

果穗			果粒重 (g)	出汁率 (%)	可溶性固形物 (%)	可滴定酸 (g/L)
长 (cm)	宽 (cm)	重 (g)				
15.6	6.5	46.5	1.98	65.0	12.0	—

裂叶刺葡萄叶片正面

裂叶刺葡萄叶片背面

裂叶刺葡萄嫩梢

裂叶刺葡萄果穗

（二）生物学性状

1. 物候期

4月初萌芽，5月中旬前期开花，8月中、下旬果实开始成熟，9月中旬果实完全成熟，由萌芽至果实完熟需要160～170d，为极晚熟种（表2－27）。

表2–27　裂叶刺葡萄物候期（日／月）

萌芽始期	开花始期	果实转色期	果实充分成熟期	由萌芽至果实成熟天数（d）
1/4	11/5	16/8	14/9	166

2. 结实特性

第一结果枝位于结果母枝第一至第二节。第一花序位于果枝第三节，果枝率77.4%，果枝平均1.65穗，1个果枝最多3穗，结实系数1.28（表2－28）。

表2–28　裂叶刺葡萄结实力

株　系	新梢数	果枝数	果枝率（%）	果穗数	果枝平均穗数	结实系数
宁强-6	32.7	25.3	77.4	41.8	1.65	1.28

（三）抗逆性

与刺葡萄相同。

（四）分布

分布于陕西宁强，江西玉山等地。

（五）评价

本变种与原种刺葡萄的主要区别是幼叶背面有皮刺，成龄叶3裂，裂刻浅至中深。其余性状与刺葡萄基本相同。

十三、瘤枝葡萄
[*Vitis davidii* var. *cyanocarpa*（Gagn.）Sarg.]

（一）植物学性状

1. 嫩梢

梢尖及未完全平展幼叶黄绿色，外被刺毛，已展幼叶两面紫红色，上表面有光泽，下表面叶脉上疏生刺毛，叶缘锯齿黄绿色。嫩茎阳面深紫红色。叶柄及幼茎生刺。

2. 成龄叶、枝

叶中等大，卵形至长卵形，长15.9～16.9cm，宽11.7～12.4cm，全缘。上表面粗糙，有泡状至大泡状凸起，下表面蓝灰色，叶脉上有黑色透明腺点。叶缘锯齿疏而小，双侧凸。叶柄洼闭合或开张矢形，叶柄长8.0～13.7cm，有短刺或刺痕。

一生年老枝红褐色，有条纹和至中密稀短刺枝。粗5～6cm，节间长7～8cm，截面椭圆至扁圆形，扦插生根困难。

3. 花、果、种子

雌雄异株。雌能花雄蕊4～6枚，花丝水平向外。果穗极小，细长柱形，长6.2～8.2cm，宽2.8～3.2cm，平均重4.8～9.2g，松散至极松散。果粒极小，重0.3～0.36g，黑色，果粉厚，果皮厚韧，无涩味，汁较少，几无色，出汁率54.9%，可溶性固形物含量14.5～15.8%，每果实有种子1～3粒，种子卵圆形，喙中长，果肉有肉囊，与种子不易分离。瘤枝葡萄果穗、果粒大小及糖酸含量见表2－29。

瘤枝葡萄岚皋-5叶片正面

瘤枝葡萄岚皋-5叶片背面

瘤枝葡萄岚皋-5嫩梢

瘤枝葡萄镇安-3嫩梢

瘤枝葡萄镇安-3叶片正面

瘤枝葡萄镇安-3叶片背面

瘤枝葡萄果穗

表2–29　瘤枝葡萄果穗、果粒大小及糖酸含量

株　系	果　穗			果粒重（g）	出汁率（%）	可溶性固形物（%）	可滴定酸（g/L）
	长（cm）	宽（cm）	重（g）				
镇安-3	8.2	2.8	9.2	0.36	54.9	14.5	1.70
岚皋-5	6.2	3.2	4.8	0.30	—	15.8	1.91

（二）生物学性状

1. 物候期

4月下旬萌芽，5月下旬开花，7月中、下旬果实着色，8月底果实充分成熟。由萌芽

至果实完全成熟约126d，应该属于中早熟种，但果实充分成熟期在8月底，实为中晚熟种（表2－30）。

表2–30 瘤枝葡萄物候期（日／月）

株 系	萌芽始期	开花始期	果实转色期	果实充分成熟期	由萌芽至果实成熟天数（d）
镇安-3	26/4	26/5	26/7	27/8	123
岚皋-5	24/4	25/5	13/7	30/8	128

2. 结实特性

第一果枝位于结果母枝基部第二节，果枝率31.9%～67.1%，果枝平均1.3～1.6穗，1个果枝最多4穗，结实系数0.4～1.1（表2－31）。

表2–31 瘤枝葡萄结实力

株 系	新梢数	果枝数	果枝率（%）	果穗数	果枝平均穗数	结实系数
镇安-3	42.6	28.6	67.1	45.4	1.59	1.07
岚皋-5	26.0	8.3	31.9	10.7	1.29	0.41

（三）抗逆性

对霜霉病抗性株系间差异很大，有抗性强到易感病的不同类型，高抗黑痘病和根癌病，较抗白粉病。抗寒性弱，在－20℃冰箱冷冻温度下，枝条萌芽率仅为7.9%，在－25℃时已全部失去萌芽力。

（四）分布

分布于甘肃天水、成县、迭部、文县、武都、康县、两当、徽县、舟曲；陕西岚皋、镇安、南郑；河南淅川、西峡；湖南凤凰等县（市）。

（五）评价

果穗、果粒小，果枝率低，直接利用的经济效益低，可用作抗根癌病育种亲本。

十四、华东葡萄（*Vitis pseudoreticulata* W. T. Wang）

（一）植物学性状

1. 嫩梢

梢尖黄绿，密被茸毛。幼叶橙黄色，下表面着生中密茸毛。幼茎棱条凸出，幼茎、叶柄密被丝毛。

2.成龄叶、枝

叶中等大，长11.8～12.0cm，宽10.4～11.1cm，卵圆形，全缘，较平展，上表面密生小疱状凸起，下表面有中密茸毛；叶缘锯齿浅，双侧直。叶柄洼开张矢形或宽拱形，基部V形或U形。叶柄长6.8～7.8cm。

植株生长势极强。卷须间歇性。一年生老枝褐色至暗褐色，表面有棱。枝粗0.72～0.81cm，节间长5.2～10.7cm，截面椭圆形。扦插成活率58%～92%。

3.花、果、种子

雌雄异株。雌能花雄蕊比雌蕊短或等长，向外卷曲。果穗小，圆柱形或单肩圆锥形，平均长7.1～9.4cm，宽3.5～4.1cm，重15.4～33.9g，中紧或紧密，最大穗长15.7cm，宽7.0cm，重92.7g。果粒极小，有少量小青粒，平均0.4g，圆形，黑色。果粉薄，果皮薄而韧，无涩味，果肉软，汁多，紫红色，味酸甜，出汁率60.5%～77.7%，可溶性固形物15.8%～19.3%，可滴定酸9.6～12.6g/L（表2－32）。每果实有种子1～3粒，多2粒。种子小，卵圆形，喙短。

表2–32　华东葡萄果穗、果粒大小及糖酸含量

株　系	果　穗			果粒重（g）	出汁率（%）	可溶性固形物（%）	可滴定酸（g/L）
	长（cm）	宽（cm）	重（g）				
广西-1	9.4	3.9	33.9	0.4	68.2	17.0	10.84
白河-35-1	7.1	4.1	15.4	0.4	77.7	19.3	9.61
商南-1	8.6	3.5	15.8	0.4	60.5	15.8	12.58

华东葡萄广西-1叶片正面

华东葡萄广西-1叶片背面

华东葡萄广西-1嫩梢

华东葡萄广西-1果穗

华东葡萄白河-35-1叶片正面

华东葡萄白河-35-1叶片背面

华东葡萄白河-35-1嫩梢

华东葡萄湖南-1嫩梢

华东葡萄湖南-1叶片正面

华东葡萄湖南-1叶片背面

华东葡萄湖南-1嫩梢

华东葡萄湖南-1果穗

华东葡萄商南-1叶片正面

华东葡萄商南-1叶片背面

华东葡萄商南-1嫩梢

华东葡萄商南-1叶片

（二）生物学性状

1. 物候期

多数株系4月中旬萌芽，5月中、下旬开花，7月下旬果实转色始熟；唯独湖南-1的前3个物候最晚。果实充分成熟期在8月下旬至9月初期。由萌芽至果实充分成熟共计132～142d，为中熟种。

2. 结果特性

第一结果枝位于结果母枝第一至第二节。第一果穗在果枝第二至第三节，多数株系果枝率在80%以上，果枝平均2.4～2.9穗，一个果枝最多5穗。华东葡萄结实力见表2-33。

表2–33　华东葡萄结实力

株　系	新梢数	果枝数	果枝率（%）	果穗数	果枝平均穗数	结实系数
广西-1	28.0	24.1	86.1	56.9	2.36	2.03
白河-35-1	23.0	19.7	85.7	46.4	2.36	2.02
白河-36	30.0	18.9	63.0	49.6	2.62	1.65
商南-1	23.6	19.5	82.6	51.1	2.62	2.17
湖南-1	26.4	26.1	100	76.8	2.93	2.93

（三）抗逆性

叶片高抗霜霉病，果实高抗炭疽病，但易感白腐病。种内株系间对白粉病抗性差异悬殊，有高抗和抗性强的和感病严重的不同类型。对葡萄根癌病的抗性中等。

株系间的抗寒性有明显差异，有的在–28℃低温时尚有5.2%芽眼萌发，有的在–25℃时已失去萌芽力。

（四）分布

分布于陕西商南、白河、旬阳；河南伏牛山及大别山南部；安徽南部、西南部；湖北郧西；湖南浏阳、长沙、衡山、凤凰、石门，江西上饶、安远、兴国、井岗山、吉安、永修、铜鼓、宣丰、资溪、武宁；浙江杭州、横山、玉皇山、瑞安、林安、富阳、建德、开化、诸暨、普陀、天台、龙泉、缙云以及广西东北部，广东北部。

（五）评价

生长势强，适宜高温、高湿的气候和潮湿的土壤条件，扦插成活率高，有的株系较丰产，经济性状良好。除普遍高抗霜霉病外，有的还高抗白粉病和一些真菌性病害。果实含糖量较高而酸量较低，因而可直接利用酿酒和用作欧亚种品种的抗湿性砧木。

十五、小复叶葡萄（*Vitis tiubaensis* L. X. Niu）

（一）植物学性状

1. 嫩梢

梢尖黄绿，附桃红色，幼叶上表面橙黄，有光泽，下表面浅紫红色，密被茸毛；幼茎紫红色，与叶柄疏被脱落性絮状毛。

2. 成龄叶、枝

叶片小，长10.8cm，宽10.4cm，近圆形，三复叶，罕单叶，平展，上表面局部有泡状凸起，下表面密被茸毛。叶缘锯齿双侧直。叶柄洼轻度开张，基部V形。叶柄长3.7～4.0cm，被中密茸毛。

植株长势中庸，卷须间歇性。一年生老枝灰白色，表面有条纹，粗0.62cm，节间长5.7cm，截面扁圆形。用ABT生根粉处理，扦插生根率达77%。

3.花、果、种子

有3种花型。两性花雄蕊5枚。果穗小，圆柱形，有的带副穗，长6.6cm，宽4.4cm，平均重36g。果粒小，平均重1.0g，圆形，黑色，果粉厚，着生紧密，成熟不够整齐一致，有少数小青粒；果皮薄而韧，无涩味；果肉软，味甜酸爽口，可溶性固形物16.5%，可滴定酸10.02g/L,汁深红色，出汁率76.5%（表2−34）。种子中等大，卵圆形，喙中长，易与种子分离。

表2−34　小复叶葡萄果穗、果粒大小与可溶性固形物含量

果　穗			果粒重（g）	出汁率（%）	可溶性固形物（%）	可滴定酸（g/L）
长（cm）	宽（cm）	重（g）				
6.6	4.4	36.0	0.98	76.5	16.5	10.02

小复叶葡萄岚皋-2叶片正面

小复叶葡萄岚皋-2叶片背面

小复叶葡萄岚皋-2嫩梢

小复叶葡萄果穗

小复叶葡萄结果状

（二）生物学性状

1.物候期

3月中、下旬萌芽，5月初至中旬前期开花，7月中旬果实转色，8月上旬果实充分成熟，由萌芽至果实充分成熟平均需要136d，为中熟种（表2－35）。

表2－35 小复叶葡萄物候期（日／月）

年　份	萌芽始期	开花始期	果实转色期	果实充分成熟期	由萌芽至果实成熟天数（d）
2003	25/3	10/5	12/7	8/8	136
2004	15/3	3/5	8/7	2/8	140
2005	25/3	4/5	8/7	5/8	133
平均	22/3	6/5	9/7	5/8	136

2.结实特性

第一结果枝位于结果母枝第一至第二节，第一果穗位于果枝第一至第二节。多年平均资料，果枝率89.6%，每果枝有3.49穗，结实系数3.12，最多一个果枝有7穗（表2－36）。在我国葡萄野生资源中，目前是继刺葡萄和山葡萄之后第三个发现两性花的种。两性花本身就是一个很重要的生物学性状。本种抗病性和抗寒性中虽然比有些种差，但丰产性较好，可直接酿酒和用作育种亲本。

表2-36　小复叶葡萄结实力

年　份	新梢数	果枝数	果枝率（%）	果穗数	果枝平均穗数	结实系数
2000	19	18	94.7	42	2.33	
2004	60	49	81.7	229	4.67	
2005	36	36	100	88	2.44	
平均	38.3	34.3	89.6	119.6	3.49	3.12

十六、燕山葡萄（*Vitis yeshanensis* J. X. Chen）

（一）植物学性状

1. 嫩梢

梢尖和幼叶橙黄色，有光泽；梢尖和幼叶下表面叶脉被中密茸毛。幼茎紫红色。

2. 成龄叶、枝

叶中等大，平均长14.2cm，宽11.1cm，一级裂片5，裂刻极深，基部多有齿状凸起，许多裂片尚有二级裂刻。叶上表面平，有光泽，下表面光滑无毛。叶缘锯齿双侧直或一侧凸一侧凹。叶柄洼开张，宽拱形，基部U形。叶柄长5～8cm。植株长势中庸，卷须间歇性，一年生老枝灰白色，粗0.5cm，节间长7.1cm，截面圆形，扦插成活率仅10%左右。

3. 花、果实、种子

雌雄异株。雌能花雄蕊5～6枚，罕5枚，甚短，向外卷曲。果穗圆柱或圆锥形，带副穗，极小，平均长6.6cm，宽5.7cm，重17.2g，松散或中紧。果粒黑色，圆形，极小，重0.34g。果皮中厚，无涩味，汁深红色，出汁率66.7%，可溶性固形物13.7%，可滴定酸10.5g/L（表2-37），有中草药味。根据陈景新（1979）介绍，在河北昌黎可溶性固形物20.5%～23.0%，含酸量22.6～25.9g/L。每果实有种子1～3粒，多2粒。种子小，卵形，喙中长，易与果肉分离。

燕山葡萄叶片正面

燕山葡萄叶片背面

燕山葡萄嫩梢

表2-37　燕山葡萄果穗、果粒大小与糖酸含量

果穗			果粒重（g）	出汁率（%）	可溶性固形物（%）	可滴定酸（g/L）
长（cm）	宽（cm）	重（g）				
6.6	5.7	17.2	0.34	66.7	13.7	10.47

（二）生物学性状

1.物候期

3月底萌芽，5月中旬开花，7月中旬果实转色，8月中旬果实充分成熟，由萌芽至果实充分成熟约136d左右，为中熟种（表2－38）。

表2-38　燕山葡萄物候期（日／月）（8年平均）

萌芽始期	开花始期	果实转色期	果实充分成熟期	由萌芽至果实成熟天数（d）
31/3	16/5	14/7	14/8	136

2.结实特性

第一结果枝位于结果母枝第一节，第一果穗在果枝第一至第二节，果枝率98.6%，果枝平均2.91穗，结实系数2.87，一个果枝最多5穗（表2－39）。

表2-39　燕山葡萄结实力（4年平均）

新梢数	果枝数	果枝率（%）	果穗数	果枝平均穗数	结实系数
36.2	35.7	98.6	103.9	2.91	2.87

（三）抗逆性

高抗黑痘病、炭疽病和根癌病，较抗白腐病和白粉病，但不抗霜霉病。抗寒性极强，枝条在-32℃低温处理下尚有1.5%萌芽率。也非常抗旱，在原产地河北省“塔山山区的干旱阳坡上，它是唯一的葡萄属植物”（陈景新，1979）。曾在新疆葡萄瓜果开发研究中心（鄯善县）沙石地上栽植的燕山葡萄，冬不埋土，表现出高度抗寒、耐旱、耐瘠薄砂石土壤的特性。

（四）分布

分布于河北省燕山。

（五）评价

燕山葡萄可能是我国葡萄属中相当于或仅次于山葡萄之后第二位最抗寒的种。除不抗霜霉病外，对其他主要真菌病害抗性极强或较强，又耐干旱、瘠薄的砾石土壤。唯独扦插成活率低，因此在我国西北地区可利用其实生苗作欧亚种品种的抗逆性砧木以及选育抗逆性砧木品种的资源。

十七、秦岭葡萄（*Vitis qinlingensis* P. C. He）

（一）植物学性状

1. 嫩梢

梢尖及先端幼叶鲜桃红色，密被丝毛。幼茎桃红色，被白色膜。

2. 成龄叶、枝

叶小，卵形，长9.1～11.8cm，宽7.6～9.3cm，全缘，上表面光滑，有光泽，下表面无毛。叶缘锯齿双侧凸，极浅，齿尖针头状。叶柄洼开张V形或近似宽拱形。叶柄长4～10cm。

树势旺，卷须间歇性。一年生老枝红褐色，外有脱落性絮毛，截面扁圆形，枝粗0.51cm，节间长8.9cm。扦插不易成苗。

3. 花、果、种子

雌雄异株，雌能花雄蕊5枚，比雌蕊短，向外卷曲。果穗极小，长7.7～10.5cm，宽2.6～3.6cm，平均重20.6～25.7g，圆柱形，中紧或松散。果粒小，重约0.5g左右，黑色，圆形，果汁少，出汁率44.0%～66.1%，可溶性固形物12%左右，可滴定酸10.4～13.0g/L（表2-40），每个果实有种子2～3粒。

秦岭葡萄略阳-8叶片正面

秦岭葡萄略阳-8叶片背面

秦岭葡萄略阳-8嫩梢

秦岭葡萄平利-5嫩梢

秦岭葡萄平利-5叶片正面

秦岭葡萄平利-5叶片背面

秦岭葡萄平利-5叶片正面

秦岭葡萄平利-5叶片背面

表2-40　秦岭葡萄果穗、果实大小与糖酸含量

株　系	果穗 长(cm)	果穗 宽(cm)	果穗 重(g)	浆果重(g)	出汁率(%)	可溶性固形物(%)	可滴定酸(g/L)
岚皋-174	7.7	2.6	20.6	0.53	44.0	11.8	13.0
山阳-40	10.5	3.6	21.6	0.65	66.1	12.2	10.4
平利-5	9.8	3.5	25.7	0.48	55.9	12.9	10.6

（二）生物学性状

1.物候期

3月下旬至4月初萌芽，5月下旬开花，8月上、中旬果实开始成熟，8月底至9月上旬果实充分成熟，由萌芽至果实充分成熟需160d左右，为晚熟种（表2-41）。

表2-41　秦岭葡萄物候期（日／月）

株　系	萌芽始期	开花始期	果实转色期	果实充分成熟期	由萌芽至果实充分成熟天数（d）
岚皋-174	1/4	24/5	14/8	7/9	159
山阳-40	2/4	22/5	9/8	8/9	159
宁强-10	26/3	25/5	31/7	30/8	164

2.结实特性

第一结果枝位于结果母枝第二至第三节，第一花序位于果枝第三节。果枝率43.0%～68.3%，每果枝平均1.3～1.9穗，结果系数0.6～1.2（表2-42）。

表2–42　秦岭葡萄结实力

株　系	新梢数	果枝数	果枝率（%）	果穗数	果枝平均穗数	结实系数
岚皋-174	40.3	21.0	52.1	39.3	1.87	0.98
山阳-40	18.0	12.3	68.3	20.7	1.68	1.15
平利-5	23.0	9.9	43.0	16.3	1.65	0.71
略阳-8	18.5	8.5	45.9	11.0	1.30	0.59

（三）抗逆性

不抗霜霉病，反应型3.5～4级；在接种条件下，果实白腐病发病率为5.43%，炭疽病和黑痘病不发病，表现出极强的抗性。抗寒性弱，在－23℃低温下，供试枝条芽眼全部失去萌发力。

（四）分布

分布于陕西秦岭山区的白河、平利、岚皋、略阳、留坝、宁强、山阳、丹凤。

（五）评价

不抗霜霉病，但对其他主要真菌病害抗性强，可用作抗病育种材料。

十八、菱叶葡萄（*Vitis hancockii* Hance）

（一）植物学性状

1. 嫩梢

梢尖、幼叶与幼茎黄绿色，幼叶下表面、幼茎和花序梗密生茸毛。

2. 成龄叶、枝

叶极小，全缘，长椭圆形，平均长11.7cm，宽5.9cm，截面V形；上表面密布泡状凸起，一、二级叶脉下陷，下表面叶脉凸出并密被茸毛。叶缘锯齿极浅，齿尖针头状。叶基部齐平而微凹下。叶柄极短，长0.5～0.7cm，密生锈褐色茸毛。树势弱，卷须间歇性。一年生枝茶褐色，平均粗0.48cm，节间长3.1cm，截面椭圆形，直立性强。副梢萌发力极弱，全株呈灌木状。扦插极难生根。

3. 花、果、种子

雌雄异株。雌能花中雄蕊4～5枚，与雌蕊等长或较短，向外卷曲。花香浓郁。果穗极小，平均重9.6g，短圆锥形或单肩圆锥形，中等紧密或松散。果粒极小，平均重0.15g，圆形至扁圆形，黑色，果皮厚韧，汁鲜红色，味酸，青草味。可溶性固形物14%～15%，种子小，每果实有2～3粒，圆形至卵圆形，喙短，易与果肉分离。

菱叶葡萄叶片正面

菱叶葡萄叶片背面

菱叶葡萄嫩梢

菱叶葡萄果穗

菱叶葡萄结果状

（二）生物学性状

1. 主要物候期

多年平均资料，3月22日萌芽，5月1日开花，7月3日果实开始转色成熟，8月3日果实充分成熟，由萌芽至果实充分成熟期平均需要134d，为中熟种（表2－43）。

表2－43　菱叶葡萄物候期（日／月）

年　份	萌芽始期	开花始期	果实转色期	果实充分成熟期	由萌芽至果实充分成熟天数（d）
2003	25/3	6/5	2/7	—	
2004	14/3	27/4	3/7	1/8	
2005	26/3	30/4	5/7	4/8	
平均	22/3	1/5	3/7	3/8	134

2. 结实特性

第一结果枝位于结果母枝第一至第二节位，第一果穗位于果枝第二至第三节，平均果枝率100%，每个果枝有3.3穗，最多4穗。菱叶葡萄冬芽中的副芽萌发率及果枝率都很高，在统计的55个萌发冬芽中，一芽一果枝率为41.8%，一芽二果枝率为49.1%，一芽三果枝率为9.2%。

（三）抗逆性

抗霜霉病能力中等，抗白粉病能力极强；抗寒性强，在－25℃低温下尚有30%～35%的萌芽率。

（四）分布

分布于江西黎川、贵溪、宜丰、南昌、婺源、景德镇、星子、庐山、彭泽；浙江余杭、桐庐、临安、淳安、建德、诸暨、鄞县、平阳、领海、象山、开化、金华、天台、遂昌、丽水、乐清、温州；还有湖北、安徽、福建和贵州等省。

（五）评价

除果穗极小外，其他结实性优异；在田间自然条件下，高抗多种真菌性病害，抗寒性亦强。可用作选育葡萄新品种的杂交亲本。

十九、陕西葡萄（*Vitis shenxiensis* C. L. Li）

（一）植物学性状

1. 嫩梢

梢尖、幼叶黄绿，叶背、叶柄及幼茎密被红色腺毛。

2. 成龄叶、枝

叶小或中等大，长12.3～16.6cm，宽10.6～15.2cm，卵圆至近圆形，多3小复叶，少单叶，单叶3深裂；上表面平或有泡状凸起，下表面着生中等或密茸毛。叶缘锯齿双侧直。叶柄洼开张，矢形，基部V形，叶柄长5～9cm。叶柄及枝条有腺毛。树势中庸至强旺，卷须间歇性。一年生老枝褐色，有腺毛或具瘤痣，截面圆形，粗0.7～0.8cm，节间长7.5～8.8cm。

3. 花、果、种子

雌雄异株，雌能花中雄蕊5枚，向外卷曲。果穗小至极小，长4.6～12.5cm，宽3.5～6.4cm，重7.8～33.4g，分枝或圆锥形，极松散。果粒极小，重0.37～0.45g，圆形，黑色，果汁少，深红色，味酸甜，可溶性固形物10.5%～16.5%，可滴定酸12g/L左右（表2－44），每果有种子1～4粒，圆形，喙中等长，不易与果肉分离。

陕西葡萄眉县-6叶片正面

陕西葡萄眉县-6叶片背面

陕西葡萄眉县-6嫩梢

陕西葡萄眉县-6嫩梢

陕西葡萄眉县-6果穗

陕西葡萄南郑-2叶片正面

陕西葡萄南郑-2叶片背面

陕西葡萄平利-2叶片正面

陕西葡萄平利-2叶片背面

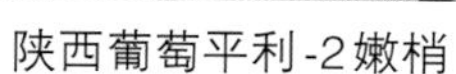
陕西葡萄平利-2嫩梢

陕西葡萄平利-2果穗

表2-44　陕西葡萄果穗、果实大小与糖酸含量

株　系	果　穗			浆果重（g）	出汁率（%）	可溶性固形物（%）	可滴定酸（g/L）
	长（cm）	宽（cm）	重（g）				
平利-2	12.5	6.4	33.4	0.45	66.3	16.5	12.4
南郑-2	4.6	3.5	7.8	0.37	—	10.5	11.2

（二）生物学性状

1. 物候期

3月下旬萌芽，5月上旬开花，7月中旬果实始熟，8月上、中旬果实充分成熟。由萌芽至果实充分成熟需要132～138d，为中熟种（表2－45）。

表2–45　陕西葡萄物候期（日／月）

年　份	萌芽始期	开花始期	果实转色期	果实充分成熟期	由萌芽至果实充分成熟天数（d）
平利-2	24/3	5/5	14/7	3/8	132
南郑-2	30/3	4/5	15/7	15/8	138

2. 结实特性

第一结果枝位于结果母枝第一节，第一果穗位于果枝第二至第三节。果枝率76.0%～83.8%，果枝平均穗2.14～2.37，结果系数1.8（表2－46）。

表2–46　陕西葡萄结实力

株　系	新梢数	果枝数	果枝率（%）	果穗数	果枝平均穗数	结实系数
平利-2	24.0	20.3	83.8	43.6	2.14	1.80
南郑-2	28.0	21.3	76.0	50.5	2.37	1.80

（三）抗逆性

果实高抗炭疽病，对霜霉病抗性中等，不抗白腐病。抗寒性弱，在−23℃时，枝条芽眼已失去萌发力。

（四）分布

分布于陕西南部平利、南郑、山阳等县。

（五）评价

无重要的可资利用的经济生物学性状。

二十、腺枝葡萄（*Vitis adenoclata* Hand-Mass.）*

（一）植物学性状

1. 嫩梢

梢尖黄绿，外缘粉红色，幼叶两面粉红至橙红色，下表面密被白色丝毛；幼茎前端粉红色，包被白膜并密生红色腺毛，有的前端无腺毛，下端才出现腺毛。

2. 成龄叶、枝

成龄叶卵形或卵状五角形，全缘，中等大，平均长13.7（11～16）cm，宽10.4（8.7～12.5）cm；上表面初被脱落性丝毛，后期脱落，下表面锈色或灰白色，密被丝毛。叶缘锯齿浅，双侧直，齿尖针头状。叶柄洼开张拱形或矢形，基部U或V形。叶柄平均长5.9cm，有腺毛。植株生长极旺，卷须间歇性。一年生枝截面近圆形，有条纹并密生腺毛。

腺枝葡萄嫩梢

腺枝葡萄嫩梢

* 部分资料由罗城县水果局吴代军提供，特表谢意。

腺枝葡萄嫩梢（无毛）

腺枝葡萄嫩梢（有毛）

腺枝葡萄叶片正面

腺枝葡萄叶片背面

3.花、果、种子

雌雄异株，雌能花中雄蕊5枚，向外卷曲。果穗小，圆锥形或分枝形，松散。果粒小，圆形，充分成熟时黑色。可溶性固形物12.0%～13.5%，可滴定酸18～20g/L。

（二）生物学性状

1.物候期

在广西罗城县平均3月25日萌芽，5月27日开花，8月下旬果实开始成熟，9月中、下旬果实充分成熟。由萌芽至果实充分成熟约需150d，为晚熟种。

2.结实特性

平均果枝率92.0%，果枝平均3.2穗，结实系数2.9（表2−47）。

表2−47　腺枝葡萄结实力

新梢数	果枝数	果枝率（%）	果穗数	果枝平均穗数	结实系数
125	115	92.0	368	3.2	2.9

（三）分布

分布于广西永福、罗城，湖南凤凰，浙江克田山等地。

（四）评价

丰产，抗病性强。果实成熟期晚。但不抗寒是其主要缺点，可作酿酒资源。

二十一、种性简介

（一）百花山葡萄（*Vitis baihuashanensis* M. S. Kang et D. Z. Lu）*

全叶近圆形，由鸟足状5小复叶构成。总叶柄长10～15cm，小叶柄长1～1.5cm。每个小复叶有多级裂片，裂刻开张，基部圆形。全叶上表面光滑，下表面脉上疏被白色丝毛。叶缘锯齿大，双侧直。小叶无叶柄洼，基部隆起。果穗极小，极松散，圆柱或圆锥形。果粒极小，直径0.5～0.8cm，圆形黑色。分布于北京市东陵山。

（二）东南葡萄（*Vitis chunganensis* Hu）

幼枝紫红色，无毛。叶片中等大，全缘，长9～19cm，宽4～13cm，长卵形，先端渐尖，下表面具白粉，无毛。叶缘锯齿浅，一侧直一侧凹。叶柄洼轻度开张，基部V形，或闭合。叶柄长2.5～6.5cm。雌雄异株。果穗小，果实小，球形，黑色。分布于安徽、浙江、江西、福建、湖南、广东、广西、贵州诸省（自治区）。

（三）红叶葡萄（*Vitis erythrophylla* W. T. Wang）

嫩梢初被茸毛，后期脱落。成龄叶中等大，长3.5～12cm，宽2.4～10cm，卵圆至长卵形；3～5裂，中心裂片下部柱状，中部以上呈尖三角形，上侧裂刻开张，基部U形或V形。叶下表面紫红色，上下表面一级叶脉上被茸毛。叶缘锯齿浅，双侧直。叶柄洼开张，基部V形或近拱形。叶柄长4～6cm，有茸毛。果穗极小，圆柱或圆锥形，极松散。果粒小，圆形，黑色，分布江西和浙江省。

（四）葛藟葡萄（*Vitis flexuosa* Thumb.）

嫩梢尖红色，疏被茸毛。幼叶浅紫红色，上表面有光泽，下表面被稀疏茸毛。成龄叶小，平展，宽卵形或三角状卵形，全缘或浅三裂，上表面平滑，下表面叶脉上生茸毛，叶脉间被丝毛，叶缘锯齿双侧直。叶柄洼开张，宽拱形至平直。叶柄长3～6cm。

雌雄异株。在黄河流域，花期5月下旬至6月上旬，果实9月中旬成熟。果穗极小，圆柱至圆锥形，极松散。果粒小，黑色，圆形，有大小粒。果肉软，多汁，汁紫红色，含可溶性固形物12%左右。每果有种子1～3粒。

---

* 根据康木生等《北京葡萄属一新种》编写。

全国自陕西、甘肃、山东以南的18个省（自治区、直辖市）均有分布。

（五）网脉葡萄（*Vitis wilsonae* Veitch.）

幼叶紫红色，下表面密被白色丝毛；幼茎初具白色丝毛，后期脱落。成龄叶小至中等大，长7～15cm，宽5～12cm；叶卵圆或卵圆五角形，全缘或浅3裂；上、下表面叶脉突显；下表面灰白色并被稀疏丝毛；叶缘锯齿双侧直；叶柄洼开张，矢形或拱形。叶柄长3～7cm。

雌雄异株，果枝率80%左右，果穗极小，长柱形，平均重15g左右，松散。果粒小，圆球形，蓝黑色，8～9月成熟。种子卵形，喙短。较抗霜霉病和白粉病，高抗黑痘病。分布在陕西、甘肃、河南、江西、浙江、福建、云南、贵州等省海拔1 500m以上的向阳山区。

（六）桦叶葡萄（*Vitis betulifolia* Diels et Gilg.）

嫩梢被白色丝毛。叶小，卵形至长卵形，全缘，长5～10cm，宽4～9cm；下表面初被丝毛，后渐脱落。叶柄洼开张拱形或截形。叶柄长2～2.6cm，被丝毛。

雌雄异株，果穗小，圆锥形，松散。果粒中等大，圆形，黑色，果粉厚，8月中、下旬成熟。

植株长势中庸。甘肃、陕西、河南、湖北、四川、湖南、广东、贵州、云南、西藏等省（自治区、直辖市）有分布。

（七）美丽葡萄 [*Vitis bellula*（Rehd.）W. T. Wang]

嫩梢密被丝毛。成龄叶极小，长7cm，宽4cm，卵形，全缘；上表面有泡状凸起，下表面密生白色丝毛。叶缘锯齿浅。叶柄洼开张，矢形或截平。叶柄长约3cm，疏被丝毛。植株长势极弱，枝纤细，节间短。

雌雄异株。果穗小，圆锥形，松散。果粒小，圆形，黑色。8月份成熟。种子卵形，喙短。

植株长势极弱，枝纤细，节间短。分布河南、安徽、湖北、湖南、江西等省海拔1 300～1 600m的山区。

（八）温州葡萄（*Vitis wenchowensis* C. Ling）

叶极小，长4～9.5cm，宽2.5～4.5cm，戟状三角形或三角形；三浅裂，裂片开张，基部V形或近似U形。中裂片长而尖。叶下表面被白粉，中脉及侧脉上有茸毛。叶缘锯齿双侧直或一侧凸一侧凹。叶柄洼开张V形。叶柄长1.8～3.2cm，果穗极小，柱形，松散，果粒近圆形，黑色，被白粉。9月份成熟。植株长势弱，枝条细，雌雄异株。产浙江瑞安、文成等地。

（九）狭叶葡萄（*Vitis tsoii* Merr.）

叶极小，长9cm，宽4cm，卵状披针形或长椭圆形，全缘不分裂，上、下表面中脉及侧脉被茸毛。叶缘锯齿极浅。叶基部圆形。叶柄短，长0.2～1.6cm。

雌雄异株。果穗极小，柱形或圆锥形，松散至中紧。果粒中等大，圆形，黑色，7～8月成熟。分布于福建、广东、广西等省（自治区）海拔300～700m的山区。

第三章
中国葡萄属野生资源研究（摘要）

一、抗 寒 性

取中国野生葡萄12个种27个株系的枝条，经过低温冰箱冷冻处理后，用生长法［萌芽（%）］、电解汁外渗率（%）和组织（次生木质部）变褐法测定其抗寒性。这里仅简介生长法和电解质外渗率法。对照是欧亚种品种玫瑰香（Muscat Hamburg）。

1月中旬从正常发育的一年生枝条基部剪取第6～20节，然后剪成第6～10节和第11～20节两个节段，伤口用石蜡封闭。人工设置低温为－15℃、－20℃、－23℃、－25℃、－28℃、－32℃和－34℃。在低温冰箱内，降温和冷冻后升温的速度为4℃/h，当达到预定温度时，维持该温度10h。冷冻处理结束的枝条，在田间自然温度下沙藏30d后，剪成1～3芽眼短枝并扦插在室温25℃湿沙箱中使之萌芽。根据2年平均萌芽率（%），将12个种分为抗寒性强（－28℃处理枝条萌芽率在10%以上）；抗寒性中等（－25℃处理的萌芽率约在10%和以上）；抗寒性弱（与玫瑰香相同，－25℃处理的萌芽率为0）。根据这个标准，抗寒性强的有蘡薁葡萄、燕山葡萄和山葡萄；抗寒性中等的有菱叶葡萄、华东葡萄和毛葡萄；抗寒性弱的有秋葡萄、复叶葡萄、麦黄葡萄、瘤枝葡萄、秦岭葡萄和刺葡萄，还有欧亚种品种玫瑰香。

如果把枝条电解质外渗率与不同种萌芽率作一比较，不难发现二者之间存在极密切关系，在相同低温处理下，凡是抗寒性强的种，其枝条电解质外渗率就低，反之，外渗率就高。在－25℃处理的枝条，抗寒性强的3个种的电解质外渗率为54.9%～68.1%，抗寒性中等的3个种为68.1%～81.4%，其余抗寒性弱的6个种和玫瑰香为83.9%～101.1%。

二、根癌病［*Agrobacferium tumefaciens* （Smith et Townsend）Conn.］抗性

葡萄根癌病（Crown gall）是中国北方地区为害欧亚种葡萄根系和一、二年生枝蔓的一种重要病害。我们以15个中国葡萄野生种的26个株系为抗根癌病研究材料，用河岸3号（*V. riparia* Beacemont）、SO4和雷司令（Riesling）作对照。每个株系选15个新梢，在梢尖以下第1、2节间部位用5个菌种混合液（浓度为5×10^8孢子/ml）接种2处，接种量0.025ml。1周后解除接种保湿膜，70d后调查产瘤情况并测量接种点冠瘿大小。按冠瘿直径平均值分为4级：1级（高抗）<3.00mm，2级（中抗）3.00～4.99mm，3级（中感）5.00～8.00mm，4级（高感）>8.00mm。

调查结果表明，中国葡萄野生种高抗根癌病的有燕山葡萄、瘤枝葡萄、复叶葡萄和蘡薁葡萄，中抗的有华东葡萄、桑叶葡萄、陕西葡萄、山葡萄、刺葡萄和秋葡萄，中感的有毛葡萄，高感的有麦黄复叶葡萄。河岸3号、SO4和雷司令均属高感种和品种。

在有些种内的不同株系间，也存在抗根癌病的明显差异。如山葡萄5个株系的平均值为高抗，但其中也有中抗和中感的，等等。

三、叶果病害的抗性与遗传

中国栽培的欧亚种葡萄品种，主要叶果病害有霜霉病（Downy mildew）、白粉病（Powdery mildew）、白腐病（White rot）、炭疽病（Ripe rot）和黑痘病（Anthracnose）。研究中国葡萄野生资源的抗病性及其与欧亚种杂交的遗传规律，对选择优质抗病新品种有重要意义。

对中国葡萄野生种及其与欧亚种杂交后的抗病性鉴定主要采用田间植株自然发病调查和田间或室内人工接种。叶片抗霜霉病程度用反应型表示。反应型分为0～4级：0级（免疫）——叶片上无明显感病症状，无孢子；1级（极高抗）——叶片上只有一些单个坏死斑点，无孢子或只有一些单个的孢囊梗；2级（高抗）——叶片上有较多坏死斑点，坏死组织直径2～5mm，并有稀少的孢囊梗束，或出现稀少的孢囊而不出现坏死斑；3级（抗病）——坏死组织斑点较大，形成较多的孢囊梗束；4级（感病）——形成无明显界限的退绿斑，产生大量孢子，叶片卷曲或枯死脱落。叶部其他病害用严重度或病情指数表示。

果实病害用果穗上果粒感病百分率（%）表示。

需要指出，在一些种内不同株系间的抗病差异不显著，而在另一些种内却差异明显，在论及种的抗病性时，是指种内各株系的平均值。

（一）葡萄霜霉病（*Plasmopara viticola* Berl. et de Tom）

1.霜霉病抗性

对16种和变种的70株的叶片调查表明，高抗霜霉病的种有瘤枝葡萄和华东葡萄（反应型2级），抗性强的种（反应型3级）有复叶葡萄、秋葡萄、菱叶葡萄、葛藟葡萄和燕山葡萄；其余种和欧亚种品种（反应型4级）为感病的种。在中国葡萄野生资源中尚未发现如河岸葡萄（*Vitis riparia* Michx.）那样免疫的种（反应型0级）。在一些种内不同株系间存在着对霜霉病抗性的明显差异，如瘤枝葡萄岚皋-5反应型为1级，而南郑-6为4级；秋葡萄江西-2的反应型为2级，而留坝-1和江西-1为4级。

2.霜霉病遗传

为研究葡萄霜霉病的遗传，选用中国葡萄野生种与欧亚种品种杂交的11个组合，共计776个杂种苗（F_1）为试材。这些组合可分为抗病×感病和感病×感病两种类型。在田间自然情况下，前一个组合后代的抗病株数占29.9%～87.3%，后一个组合后代占0～19.2%，但均呈不同程度的连续性分布，表现为数量性状遗传特点。关于葡萄霜霉病的遗传有多种理论（Husfeld B., 1957; Boubals D., 1959; Filipenk和Shtin L.等）。我们的研究认为，葡萄霜霉病是受多基因控制的数量性状。野生种中存在主效抗性基因，种间杂交后代抗霜霉病的程度主要由野生亲本的抗病基因所决定，欧亚种葡萄品种中存在的微效抗性基因可以加强主效基因的作用。

（二）葡萄白粉病 [*Uncinula necator*（Schw.）Burr.]

1. 白粉病抗性

田间调查资料表明，河岸葡萄抗白粉病，叶片感病指数6.3；欧亚种品种五月紫高感白粉病，感病指数67.4；15个中国葡萄野生种和变种有13个抗病，感病指数为20～25，其中抗性最强的是菱叶葡萄，感病指数5.2；感病种有小复叶葡萄和蘡薁葡萄，感病指数分别为26.3和38.8。在株系较多的一些种内，也存在叶片抗性的明显差异，如毛葡萄眉县-2、商南-24叶片不感病，有的株系感病指数高达51.8～71.0，秋葡萄、山葡萄、秦岭葡萄种内也有类似情况。

2. 白粉病遗传

（1）杂种一代（F_1）白粉病抗性　供白粉病遗传研究的共有13个野生种与欧亚种杂交组合，分为抗病×抗病、抗病×感病和感病×感病3种类型，共计杂种苗（F_1）930株。在双亲均为抗病的4个组合子代中，抗病株率为96.4%～100%；杂交亲本之一为抗病的野生种，另一亲本为感病的欧亚种，在6个组合子代中抗病株率为94.9%～100%；不抗病的野生种（广西-2）与抗病的白诗南（Chenin Blanc）和先索（Cinsaut）杂交，子代抗病株率分别为77.8%和90.9%；如双亲均不抗病，子代抗病株率仅有10.7%。另外2个杂交组合的亲本均是中国葡萄野生种，一个亲本抗病，另一个亲本感病，子代抗病株率均达100%。由此可见，中国葡萄野生种叶片对白粉病抗性是受双亲显性基因控制的质量性状遗传。

（2）F_1自交与回交后代的抗性表现　①从双亲感病的五月紫（Noir de Maisky）与广西-2杂交后代中选感病单株自交，F_2全部感病。②从抗病强的华东葡萄白河-35-1与感病的佳利酿（Carignane）杂交后代中选抗病单株自交，F_2出现抗病43株和感病23株，经X^2测定，符合3∶1分离。又从上述①杂交组合后代中选取感病单株与欧亚种母本回交，后代（BC_1）全部感病；从②杂交组合后代中选抗病单株与欧亚种母本回交，后代（BC_1）出现抗病28株与感病22株，符合1∶1分离。由此可见，葡萄抗白粉病性状属于单基因控制的显性独立遗传。

（三）葡萄白腐病 [*Coniathyrium diplodilla*（Speg.）Sacc.]

1. 白腐病抗性

10个中国葡萄野生种在田间自然条件下果实不感白腐病，表现极强的抗性。用2×10^7孢子/ml在田间对果实针刺接种时却程度不同地感病。抗病极强的种是秦岭葡萄；抗病种有刺葡萄、山葡萄和燕山葡萄；感病种有麦黄葡萄、华东葡萄、毛葡萄、复叶葡萄和蘡薁葡萄；感病严重的种有秋葡萄。欧亚种品种佳利酿和早玫瑰不论在自然条件和田间接种时，平均发病率分别为86.3%和88.6%，表现严重感病。

2. 白腐病遗传

中国野生种与欧亚种杂交，在8个组合后代中果实感病级次均呈连续性分布，表现为多基因控制的数量性状遗传，而且抗性的强弱受双亲影响很大，双亲平均感病级值越高，后代（F_1）抗病株率越低。如亲中值为4.5的组合，后代抗病株率为21.4%～69.0%；亲中值为5.5～6.0的，后代（F_1）抗病株率为2.0%～17.2%。

（四）葡萄炭疽病 [*Glomerella cigulata*（Ston.）Spault et Schrenk]

1. 炭疽病抗性

在田间自然发病情况下，中国葡萄野生种果实不感炭疽病或感病极轻，绝大多数种感病率在0～4.2%，小复叶葡萄为8.1%。用浓度2×10^6孢子/ml悬浮液在室内喷雾接种果粒，1周后检查结果如下：秦岭葡萄不感病，似乎是免疫的；抗病极强的种有刺葡萄、山葡萄、毛葡萄和燕山葡萄；抗病的种有华东葡萄、麦黄葡萄和蘡薁葡萄；感病中等的种有复叶葡萄、秋葡萄和小复叶葡萄。欧亚种品种巧吾什（Tchaouche Blanc）在田间自然环境和人工室内接种时发病率为94.0%和100%，属于严重感病。在一些种内，如秋葡萄、华东葡萄等不同株系间也存在抗炭疽病明显不同的差异。

2. 炭疽病遗传

野生种与欧亚种杂交一代（F_1），不论田间自然发病和室内离体接种，其果实感炭疽病级次均呈连续性分布，表现为多基因控制的数量性状遗传。多数组合子代的抗病性介于双亲之间并偏向抗病性强的野生种，这说明野生种内存在抗病的主效基因和欧亚种内存在抗病的微效多基因。

（五）葡萄黑痘病（*Sphaceloma ampelinum* de Bary）

1. 黑痘病抗性

中国葡萄野生种无论在田间自然条件下或用1×10^4孢子/ml给嫩梢喷雾接种时，发病率均很低，严重度一般在5以内，表现抗性极强；接种的刺葡萄、瘤枝葡萄、华东葡萄和毛葡萄的严重度在7.4，与河岸葡萄相同，为抗性强的种，欧亚种品种的严重度为43.7。

中国葡萄野生种果实抗黑痘病能力更强；在田间自然条件下均不感病；在田间接种的除刺葡萄感病严重度仅1.7外，其他种亦不感病，而欧亚种品种的感病严重度为73.1。

2. 黑痘病遗传

用中国起源的5个野生种11个株系与欧亚种杂交，共15个组合，分为抗病×抗病和抗病×感病两类，共获得杂种苗（F_1）1 195株，在田间自然发病条件下，除2个组合有1.4%和4.1%叶片感病外，其余全部无病。同时还对3个杂交组合的112株果实在自然情况进行了鉴定，发现全部抗病，无分离现象。

关于葡萄抗黑痘病遗传，Mortensen J A（1981）以美洲葡萄与感病的欧亚种品种及其杂种为试材的研究认为，葡萄抗黑痘病受3对独立基因控制。在高度杂合的葡萄种或品种之间杂交，F_1代会出现程度不同的分离。我们的研究表明，中国葡萄野生种不仅对黑痘病表现高抗和抗病，而且当与感病或严重感病的欧亚种品种杂交，后代全部抗病，没有分离现象。这说明，中国葡萄野生种向子代遗传抗黑痘病的能力极强，而且表现为明显的显性特点。

四、果皮颜色遗传

供试材料有毛葡萄旬阳-3、丹凤-2的自由授粉后代83-4-93（白）和83-4-96（黑），秋葡萄留坝-1（黑）、留坝-2（♂），复叶葡萄留坝-8（黑），华东葡萄广西-2（♂）、白河-35-1（黑），瘤枝葡萄镇安-3（黑）。欧亚种品种有白诗南（白）、白玉霓（白）、雷司令（白）、佳利酿（黑）、五月紫和粉红玫瑰（Muscat Rose）。

果皮颜色可分为白色、红色和黑色三类。中国葡萄仅毛葡萄种内个别株系为白色果实外，其余全部果实为黑色。Barritt B.和Einset J.（1969）认为，葡萄果皮颜色是由两对基因控制的，*B*为黑色显性基因，*R*为红色显性基因；*B*对*R*为上位显性，黑色和红色对白色为显性。根据这个理论，黑色基因型有*BBRR*、*BBRr*、*BBrr*、*BbRR*、*BbRr*和*Bbrr*；红色基因型有*bbRR*、*bbRr*；白色基因型仅有*bbrr*。

在83-49-3（白）×雷司令（白）和丹凤-2（白）×小白玫瑰（白，Muscat Blanc）组合后代中全部果实为白色，说明83-49-3和丹凤-2的果色基因型为*bbrr*。复叶葡萄（留坝-8）、华东葡萄（广西-2）、毛葡萄（旬阳-3）和山葡萄与欧亚种白色品种杂交，F_1果实全部黑色，表明这些野生种果实基因型全部是纯合的*BB*--。在83-4-96（黑）×粉红玫瑰（Muscat Rose）组合后代中，果皮黑色为58.8%、红色为23.5%、白色为17.7%，符合2：1：1分离。由此推断，83-4-96的果色基因型是*Bbrr*，粉红玫瑰的基因型是*bbRr*。在佳利酿（Carignane）×白诗南（白）组合后代中，黑色占55.6%和红色占44.4%，符合1：1分离，推断佳利酿基因型是*BbRR*。在白河-35-1（黑）×佳利酿组合后代中，黑色占76.8%，红色占23.2%，符合3：1分离，已知佳利酿基因型为*BbRR*，推断白河-35-1为*BbRr*。

由于葡萄野生资源几乎全是雌雄异株，我们从山区采集繁殖的株系（无性系）实质上均属种内或种间杂种。因此，所有果皮黑色的基因型可能是同质*BB*--或杂合*Bb*--两种类型。在我们的研究材料中，属于*BB*--的有秋葡萄留坝-8、华东葡萄广西-2（♂）、毛葡萄旬阳-3和山葡萄。属于*Bb*--的有华东葡萄白河-35-1。

五、花色素双糖苷及其遗传

葡萄果实中的花色素为红葡萄酒的主要呈色物质，常与葡萄糖结合，以糖苷的形式存在于葡萄果皮中。1957年，R. Gayon报道了欧亚种葡萄无花色素双糖苷（Anthocyanin diglucoside），而美洲种葡萄及欧美杂种都含花色素双糖苷。此后的研究证明，圆叶葡萄（Muscadine）同样含有花色素双糖苷。花色素双糖苷虽然对葡萄酒质量无影响，但国际葡萄和葡萄酒组织（O.I.V.）以双糖苷的存在与否作为鉴别真伪欧亚种葡萄酒的重要标志。

（一）不同野生种花色素双糖苷含量

根据对山葡萄（6株系）、华东葡萄（6株系）、刺葡萄（6株系）、秋葡萄（4株系）、毛葡萄（4株系）、蘡薁葡萄（2株系）、复叶葡萄（3株系），以及桑叶葡萄、浙江蘡薁、麦黄葡萄、瘤枝葡萄、小复叶葡萄和燕山葡萄各1个株系，以欧亚种7个有色品种、欧美杂交种康拜尔（Campbell）为对照，进行了果汁花色素双糖苷的分析。研究结果同样证明，所有欧亚种品种无花色素双糖，而康拜尔和圆叶葡萄均有之。

所有17个中国葡萄野生种的37个株系均程度不同地存在花色素双糖苷。不同种间、种内不同株系间以及不同年份间的含量往往会有明显差异。根据各个种内一些株系的2年平均资料，含量在150mg/L以上的株系有山葡萄双优（324.0mg/L）、山葡萄左山2号（229.8mg/L）、刺葡萄塘尾（201.9mg/L）、华东葡萄白河-35-1（171.6mg/L）；含量在50mg/L以内的株系有瘤枝葡萄镇安-3（31.4mg/L）、刺葡萄济南-1（31.9mg/L）、蘡薁葡萄泰山-1（41.8mg/L）、山葡萄通化-3（46.6mg/L）。

（二）花色素双糖苷的遗传

在我们的研究中，五月紫×广西-2、白河-35-1×佳利酿、镇安-3×法国兰、广西-1×白诗南、广西-1×神索的F_1代都含花色素双糖苷，无分离现象；在83-4-96×白诗南和83-4-96×粉红玫瑰两组合的F_1后代中，出现了花色素双糖苷有和无为1∶1的分离。这表明葡萄果实花色素双糖苷属于一对基因控制的质量性状。这与Gayon R.的理论是一致的。中国华东葡萄广西-1、广西-2、白河-35-1和瘤枝葡萄镇安-3的花色素双糖苷基因为纯合型，83-4-96为杂合型，至于花色素双糖苷含量的遗传，在8个杂交后代中多呈连续性分布趋势，并且出现0～70%的超亲株率，表现为数量性状遗传的特点，需要进一步研究。

六、葡萄酒的酚类及香味物质

（一）酚类物质

酚类物质包括总酚、单宁和花色苷。葡萄酒中的酚类物质除来源于果汁外，更多的是从果皮中浸渍得到的。发酵过程中，花色苷浓度逐渐增加，然后保持稳定并有减少的趋势。各个野生种获得最大值所需时间（天数）有所不同，除刺葡萄和毛葡萄酒的颜色较浅外，其余均明显深于或接近于欧亚种赤霞珠（表3－1）。

表3－1　酚类物质含量（mg/L）

种　名	总花色苷浓度			总酚（初值）	单宁（初值）
	初值	发酵天数（d）	最大值		
毛葡萄	44.9	4	661.2	517.0	378.1
山葡萄	271.1	7	1 471.1	625.6	585.9
秋葡萄	69.9	4	965.4	649.3	596.3
刺葡萄	31.9	4	525.4	315.5	312.4
蘡薁葡萄	78.1	5	965.4	573.1	341.2

（续）

种 名	总花色苷浓度			总酚（初值）	单宁（初值）
	初值	发酵天数（d）	最大值		
华东葡萄	342.6	8	1 812.4	1 238.4	968.7
燕山葡萄	87.2	7	2 065.7	785.6	465.4
复叶葡萄	45.6	4	1 687.9	796.3	678.4
赤霞珠	64.2	5	781.5	303.1	194.2

（二）香味成分

对6个野生种酒的香味成分共检测出酯、醇、酮、醛、烷和呋喃6类，计127种（表3－2），其中最多的是复叶葡萄，有79种，依次是秋葡萄（65种）、山葡萄（61种）、毛（白）葡萄丹凤-2（59种）、毛（黑）葡萄（54种）和刺葡萄（54种）。赤霞珠酒为46种。

表3–2 不同野生种葡萄酒各类香味成分（相对含量）

香味类	复叶葡萄酒	刺葡萄酒	秋葡萄酒	毛葡萄（白）酒	毛葡萄（黑）酒	山葡萄酒	赤霞珠酒
烷类	69.78（4）*	46.06（3）	104.52（6）	87.61（6）	70.92（5）	52.76（3）	199.59（5）
醇类	3 515.10（22）	4 275.16（14）	5 909.51（15）	1 347.87（13）	6 239.03（11）	4 882.78（13）	5 189.98（18）
醛类	231.18（8）	82.06（6）	190.72（8）	10.96（1）	55.22（6）	71.81（5）	10.77（2）
酮类	375.01（7）	259.74（6）	654.60（8）	591.43（8）	934.42（7）	1 120.11（9）	567.39（6）
酯类	2 034.58（33）	1 962.65（23）	4 450.68（24）	1 307.79（28）	2 551.00（21）	2 725.34（27）	308.86（22）
呋喃类	148.81（5）	54.60（2）	129.78（4）	70.53（3）	223.64（4）	214.79（4）	91.22（3）
合计	7 393.54（79）	6 680.27（54）	11 439.81（65）	3 410.19（59）	10 184.43（54）	9 067.59（61）	7 367.91（46）

* 括号内数字代表香味成分种数。

从表3-2可见，在6类香味成分中，含量最多的是醇类，分别占各种葡萄酒的39.4%（毛白葡萄酒）~ 64.0%（刺葡萄），赤霞珠酒占70.4%；其次是酯类，分别占各种酒的25.1% ~ 41.0%；其余几类含量甚微，不到1%。

七、果实着色过程中的解剖学特点

为进行本项研究，共选用12个种43个株系为试材。每株系选择发育良好的5 ~ 10穗固定观察。果实自着色之日起至成熟期止，每3d田间观察记载1次。另外，果实着色前

5d第一次采样，开始着色至成熟期间每3d采样一次，各次采回的果实样品均放入低温冰箱预冷，然后用德国制820Histo STAT分体手摇式旋转切片机进行冰冻切片。切片时温度为－20℃，厚度为25～30μm，封片剂为无水丙三醇。切片在10×16倍光学显微镜下观察，用10×10倍日本制Olympus显微镜及其自动照相系统自动显微照相。

（一）中国野生种葡萄果实着色外观特点

中国野生种葡萄开始着色有3种类型：第一类果实顶部或向阳一侧先着色，着色期间有的果点不明显，如菱叶葡萄、小复叶葡萄、蘡薁葡萄、刺葡萄、陕西葡萄、山葡萄、秋葡萄和复叶葡萄；有的着色初期果点明显，熟后不明显，如毛葡萄和桑叶葡萄；第二类果面片状着色，成熟后果面色泽均匀一致，如泰山蘡薁葡萄；第三类果面同时着色，熟后一致，如刺葡萄和华东葡萄。所有中国葡萄野生种的果实成熟后果面着色一致，而唯独康拜尔早生（Campbell Early）和欧美杂种品种藤稔（Fujiminori）的果实成熟后，果柄周边果面着色浅或不着色。

（二）中国野生种葡萄果实着色过程中色素细胞解剖特点

葡萄果实在成熟过程中光照是影响着色的极重要因素。因此，大多数中国葡萄种先从果实表皮细胞开始着色，然后下表皮细胞才开始着色，如菱叶葡萄、陕西葡萄、山葡萄、秋葡萄、毛葡萄和复叶葡萄。欧亚种品种梅尔诺（Merlot），欧美杂交品种巨峰（Kyoha）、康拜尔早生和藤稔等也属这第一类型。第二类型是果实下表皮细胞先着色，然后表皮细胞着色，如刺葡萄。第三类果实表皮及下表皮细胞同时开始着色，如小复叶葡萄、蘡薁葡萄和华东葡萄。

第四章
中国葡萄野生资源的利用

一、东北山葡萄（*Vitis amurensis* Rupr.）

中国东北的吉林、辽宁、黑龙江三省利用野生山葡萄酿酒已有大半个世纪的历史。1936年吉林省建立了长白山葡萄酒厂，1938年又建立了通化葡萄酒厂。由于山葡萄酒宝石红色，澄清透亮，浓郁醇厚，不同于欧亚种葡萄酒，因而受到国内外市场的欢迎。仅1959年外销西方国家就达2 000多t。

为摸清山葡萄资源分布并估计其产量，1956年中国农业大学沈隽教授组织6个单位和此后的中国农业科学院特产研究所协同一些葡萄酒厂，曾先后对东北三省的山葡萄进行了调查，根据当时的调查资料，东北分布的山葡萄产量约有1 300万kg。

长期以来，东北各酒厂所需原料几乎全部依赖收购的野生山葡萄。由于不断扩大生产和对自然资源的严重破坏，原料不足日益成为主要矛盾。从1957年起，通化和长白山酒厂开始山葡萄人工栽培试验，以期建立可靠的原料基地，在变野生为家栽过程中，选出了一批优良品系，如通化3号、长白9号、左山1号、左山2号等。

1963年吉林长白山葡萄酒厂从蛟河县采集繁殖的山葡萄苗木中发现了两性花株系，后定名为“双庆”。双庆的被发现对山葡萄的遗传育种研究具有里程碑的意义。中国农业科学院特产研究所用双庆进行种内杂交，已选育出一些高产、优质的两性花山葡萄新品种双优、双红、双丰等。中国农业科学院特产研究所1982年用通化3号与双庆杂交，后代中还发现

双 优

四倍体两性花植株。

当前，人工栽培的两性花山葡萄有了较大面积，山葡萄酒已成为中国葡萄酒产业中的一个重要组成部分，按照国家公布的《中国葡萄酿酒技术规范》生产的山葡萄酒质量有了进一步提高。

山葡萄果实含酸量高而含糖量低，长期以来用以酿制甜型红葡萄酒。近期有人研究，通过改进工艺方法酿制低醇干红葡萄酒，这将对山葡萄的利用开创更加广阔的前景。

二、中、南部毛葡萄（*Vitis quinquangularis* Rehd.）

毛葡萄适应性强，耐湿热，分布广，丰产性好，因而在中国中、南部的一些省（自治区、直辖市）用以酿造葡萄酒。

陕西省丹凤县地处小秦岭东端南麓，旧名龙驹寨，是丹江河与陆路通往河南、湖北的交通枢纽。1911年河南南阳天主教徒华国文陪同意大利传教士安西曼路过龙驹寨见到丹江两岸的龙眼葡萄长势健壮，结果累累，毅然决定在此地建立葡萄酒厂，以龙眼葡萄为原料，采用意大利工艺酿造葡萄酒。年近百岁的丹凤葡萄酒厂有着辉煌的历史，它的系列产品享誉西北，远销华南与沿海各地。但在其发展过程中往往由于原料不足，也经常利用当地丰富的野生毛葡萄与欧亚种品种混合酿酒。

广西壮族自治区永福山葡萄酒厂建于20世纪50年代，曾生产“古南门”牌山葡萄酒。该厂现已与外商合资，生产的“庄园山”、“永福山”系列葡萄酒，享誉区内外。以毛葡萄为原料的广西都安野山葡萄酒厂建于1972年，产品“瑶玲”牌野生山葡萄酒曾荣获1993年香港国际酒评博览会金奖。广西罗城县地处云贵高原九万大山南麓，野生毛葡萄和腺枝葡萄（*V. adenoclata*）资源甚为丰富，该县1964年建厂，1999年生产的山野红葡萄酒曾荣获澳门国际博览会金奖。

三、湖南、江西省的刺葡萄［*Vitis davidii*（Roman.）Foex.］

在中国野葡萄资源中，刺葡萄果粒最大，酸度较低，鲜食品质良好。长期以来湖南、江西诸省的一些山区农民繁殖栽培两性花品系，自食或销售并形成了较广泛的农村市场。目前，湖南农业大学正在进行刺葡萄的大粒优质育种工作。

四、杂交育种亲本与后代的初步利用

中国葡萄属野生资源具有广泛优越的经济生物学性状，除一些可直接应用于生产外，更重要的是它为改进欧亚种品种的抗逆性可提供丰富的种质。这一工作在我国已经开始并日益得到葡萄育种工作者的重视。

20世纪80年代，西北农学院用毛葡萄与欧亚种酿酒品种杂交，已选出两性花1-9-6和2-1-3等丰产、抗病、酒质良好的品系，现正在全国多处进行区域试验。上海市农业科学院园艺研究所用华东葡萄与佳利酿杂交，已培育出长势旺、适用于南方栽培的巨峰系品种砧木。

1-9-6叶片正面

1-9-6叶片背面

1-9-6嫩梢

1-9-6葡萄杂种优系在广西生产园的结果状

1-9-6果穗

2-1-3叶片正面

2-1-3叶片背面

2-1-3嫩梢

2-1-3果穗

5-1嫩梢

24-1-1叶片正面

24-1-1叶片背面

24-1-1嫩梢

24-1-1结果状

附录　野生葡萄特征描述

1. 叶、茎表面的毛和刺

丝毛（woolly, tomentose）。细长，平铺并相互交错，如蛛丝状。可分为密（felty）（毡状）——密被组织表面，看不见叶、茎等组织；中（downy）——可观察到被覆盖部位的组织颜色；稀（疏，cobwebby）——如蛛网状。絮状毛——为丝毛之一种，呈不规则条状或棉团状，有的生长中、后期脱落。

茸毛（pubescent, setose）。细而短，近似直立，互不交错。

腺毛（Hairs, with enlarged tip）。较茸毛长，直立或半直立，顶部膨大。

皮刺（thornlike）。木质化，多弯曲，宿存。

2. 叶片大小

每个种（或株系）选取发育正常的一次枝5个，取其第5～6叶片（共10片），用叶长+叶宽的1/2值表示如下：

级　次	大小（cm）
1 极小	<10
2 小	10.1～15
3 中	15.1～20
4 大	20.1～25
5 极大	>25

3. 果穗、果粒大小

级　次	果穗重（g）	果粒重（g）
1 极小	<20	<0.5
2 小	20.1～50	0.5～1.0
3 中	50.1～100	1.1～2.0
4 大	100.1～150	2.1～3.0
5 极大	>150	>3.0

4. 树体长势

落叶至萌芽前，测量5～10个一年生枝条基部第4～7节间平均长度（cm）和同一枝条基部第5节的粗度表示。

级　次	节间长（cm）	茎粗（g）
1 极弱	<5.0	<0.5
2 弱	5.1～6.0	0.5～0.6
3 中	6.1～7.0	0.61～0.7
4 强	7.1～8.0	0.71～0.8
5 极强	>8.0	>8.0

主要参考文献

曹秀芹, 宋维春. 2004. 江苏省云台山区野生果树种质资源初报[J]. 中国果树(1): 10-12.

柴菊华, 贺普超, 程廉, 崔彦志. 1997. 中国葡萄野生种对葡萄根癌病的抗性[J]. 园艺学报 (2): 129-132.

崔彦志, 贺普超, 段长青. 1997. 中国葡萄属野生种色素双糖苷的鉴定[J]. 果树科学(3): 141-144.

段长青, 贺普超, 康靖全. 1997. 中国葡萄野生种花色素双糖苷及其遗传研究[J]. 西北农业大学学报(5): 23-28.

傅立国, 等. 2001. 中国高等植物: 第八卷　葡萄属(*Vitis* L.)[M]. 青岛: 青岛出版社.

贺普超, 晁无疾, 和纯诚. 1983. 秦巴山区野生葡萄种质资源及其利用[J]. 陕西农业科学(2): 30-31.

贺普超, 王国英. 1986. 我国葡萄野生种霜霉病抗性的调查研究[J]. 园艺学报(1): 17-24.

贺普超, 王跃进. 1988. 中国葡萄属野生种抗白腐病的鉴定研究[J]. 中国果树(1): 5-8.

贺普超, 牛立新. 1989. 我国葡萄属野生种抗寒性的研究[J]. 园艺学报(2): 81-87.

贺普超, 任治邦. 1990. 我国葡萄属野生种对炭疽病抗性的研究[J]. 果树科学(1): 7-12.

贺普超, 刘延琳. 1995. 葡萄属种间杂交一代对霜霉病抗性遗传的研究[J]. 园艺学报(1): 29-34.

贺普超. 1999. 中国野生葡萄资源与利用[J]. 中外葡萄与葡萄酒(特刊): 12-13.

胡若冰, 王发明. 1986. 山东省野生葡萄资源调查与开发利用研究初报[J]. 葡萄栽培与酿酒(1): 1-9.

康俊生, 贺普超. 1998. 葡萄种间杂交一代果实白腐病抗性遗传的研究[J]. 葡萄栽培与酿酒(2): 4-6.

孔庆山, 等. 2004. 中国葡萄志[M]. 北京: 中国农业科技出版社.

李朝銮, 曹亚玲, 何永华. 1995. 中国葡萄属(*Vitis* L.)分类研究[J]. 应用与环境生物学报(3): 234-253.

李记明, 贺普超. 2000. 中国野生葡萄重要酿酒品质性状的研究[J]. 中国农业科学(1): 17-23.

李记明, 贺普超. 2002. 葡萄种间杂交香味成分的遗传研究[J]. 园艺学报(1): 9-12.

李记明, 贺普超. 2004. 中国野生葡萄酒风味成分分析[J]. 果树学报(1): 10-12.

李世诚, 金佩芳, 骆军, 蒋爱丽. 1999. 葡萄砧木新品种—华佳8号的选育[J]. 中外葡萄与葡萄酒(4): 1-5.

吕会娟, 逄森贵, 闫玉亮. 2005. 低干红山葡萄酒工艺研究[J]. 中外葡萄与葡萄酒(5): 52-53.

罗素兰, 贺普超. 1997. 葡萄种间杂交一代(F_1)花型及物候期遗传[J]. 西北农业学报(5): 66-70.

牛立新, 贺普超. 1995. 秦巴山区葡萄5新种1新变种[J]. 西北农业大学学报(5): 121-123.

彭宏祥, 等. 1999. 桂西岩溶山区野生葡萄资源与繁殖技术[J]. 西南农业学报(4): 101-105.

裘宝林. 1990. 浙江葡萄属植物三新种[J]. 植物研究(3): 39-43.

裘宝林. 1992. 浙江葡萄属植物检索表[J]. 杭州植物园通讯(2): 1-4.

阮仕立, 王西锐, 李华. 2001. 湖北郧西野生葡萄资源考察与研究初报[J]. 中外葡萄与葡萄酒(1): 44-47.

沈隽, 文丽珠, 罗方梅, 刘金铿. 1957. 东北山葡萄生产和利用的现况及发展前途[J]. 园艺通报(1): 46-53.

石雪晖, 陈祖玉, 刘昆玉, 钟晓红, 杨国顺. 2005. 野生刺葡萄果实品质及愈伤组织诱导初报[J]. 中外葡萄与葡萄酒(5): 4-8.

田莉莉, 贺普超. 1999. 葡萄属种间杂交一代果实炭疽病抗性遗传的研究[J]. 西北农业大学学报(6): 69-72.

万怡震, 贺普超. 1997. 葡萄属(*Vitis*)种间杂交一代(F_1)果实抗白粉病的遗传[J]. 葡萄栽培与酿酒(2): 4-6.

万怡震, 贺普超. 2001. 葡萄浆果着色过程的解剖学研究[J]. 中国农业科学(2): 169-172.

王国英, 贺普超. 1988. 葡萄霜霉病抗性鉴定方法的研究[J]. 果树科学(2): 49-55.

王军, 贺普超. 1999. 山葡萄种质资源研究与利用的历史回顾[J]. 甘肃农业大学学报(专集): 56-67.

王遂义. 1979. 河南野生水果资源[J]. 百泉农专学报(1): 5-22.

王文采. 1988. 广西葡萄科小志[J]. 广西植物(2): 109-119.

王西锐, 阮仕立, 李华. 2000. 毛葡萄酿酒及其利用研究初报[J]. 中外葡萄与葡萄酒(3): 63-65.

王跃进, 贺普超. 1987. 中国葡萄属野生种抗黑痘病的鉴定研究[J]. 果树科学(4): 1-7.

王跃进, 贺普超. 1988. 中国野生种葡萄种间杂交F_1代抗黑痘病遗传研究[J]. 果树科学(1): 1-5.

王跃进, 贺普超, 张剑侠. 1999. 葡萄抗白粉病鉴定方法的研究[J]. 西北农业大学学报(5): 6-10.

王跃进, 贺普超. 1997. 中国葡萄属野生种叶片抗白粉病遗传研究[J]. 中国农业科学(1): 19-24.

魏文娜, 王琦瑢, 李润唐. 1991. 湖南省野生葡萄资源调查[J]. 湖南农学院学报(3): 447-450.

温商林, 侯伯平, 吴刚. 1989. 甘肃省野生葡萄种质资源的调查研究[J]. 果树科学(3): 177-180.

辛树帜. 1962. 我国果树历史的研究[M]. 北京: 农业出版社.

徐养鹏, 郭晓思, 廖文波, 于兆英. 1989. 商洛地区野生葡萄资源调查——秦岭生物资源及其开发利用[M]. 西安: 陕西科学技术出版社.

尹颖, 石雪晖, 李增援. 2005. 永州市野生葡萄资源调查研究初报[J]. 中外葡萄与葡萄酒(4): 42-44.

张剑侠, 潘学军, 段朝辉, 等. 2001. 中国野生葡萄硬枝催根试验[J]. 甘肃农业大学学报(专辑), 154-158.

张浦亭, 范邦文. 1985. 刺葡萄品种"塘尾葡萄"[J]. 中国果树(1): 32-34.

赵淑兰, 王军, 等. 2003. 完全花山葡萄四倍体种质的发现及鉴定[J]. 园艺学报(4): 436-437.

周芝德, 张浦亭, 方德秋. 1986. 江西省南昌市梅岭地区葡萄属(*Vitis*)野生植物资源调查研究报告[J]. 江西农业大学学报(2): 37-41.

朱林, 温秀云, 李文武. 1994. 中国野生种毛葡萄光合特性的研究[J]. 园艺学报(1): 31-34.

左大勋, 袁以苇. 1981. 我国葡萄属植物资源的地理分布及利用[C]// 南京中山植物园研究论文集.25-31.

Pierre Galet. 1979. A Practical Ampelography[M]//Grapevine Identification. Cornell University Press.

后　记

在贺普超教授编著的《中国葡萄属野生资源》付梓之际，作为贺师学生，我就恩师学术与书稿内容略予叙说。

贺普超教授（1926.7.30—2006.5.24），祖籍陕西渭南，毕业于西北农学院园艺系果树专业（1947—1951），获前苏联乌克兰奥德萨农学院农学博士学位（1957—1962）。先生毕生就学执教于西北农林科技大学，曾任园艺学院果树学教授、果树学科博士生导师。作为著名园艺教育家和葡萄学专家，先生于1985年率先创建了中国第一个葡萄栽培与酿酒专业。恩师传道授业，弟子遍布寰宇，为我国葡萄与葡萄酒事业做出了巨大贡献。

《中国葡萄属野生资源》，是贺师有关中国葡萄属野生资源调查、收集、评价、研究利用的学术表达。早在20世纪70年代，顺应全球性生物资源保护与利用的学术潮流与趋势，先生有感于中国蕴藏着极其丰富的葡萄基因资源而又鲜为人知的现实，开创了中国葡萄属野生资源的学术研究，并于1978年承担了中国科学院的《西北若干果树种质资源调查、收集、评价、研究利用——葡萄种质资源研究》课题（国家课题）。自1981年暑期开始，恩师组织团队几度深入秦岭山区和陕、甘两省的一些地方，在葡萄属野生种质资源原生区从事种质资源调查、载录与采集工作，获取了一批珍贵的野生葡萄种质材料。作为学生与助手，我有幸参与了1981年在陕西安康市旬阳县和汉中市镇巴县的调研工作，1984年又受恩师之托带领学生在陕西渭南市进行调查工作，是先生弟子中早期参与这一课题工作的团队成员之一。目前，在西北农林科技大学中国野生葡萄种质资源圃内，栽植保存了20个种和变种，这些宝贵资源为后人研究提供了材料基础。

恩师自1981年起，率领众弟子开始了《中国葡萄属野生资源》的编著工作。针对中国野生葡萄特点以及葡萄科研和生产发展的战略需求，先生以其渊博的葡萄学学养与学术敏锐性，确定了以资源抗逆性和育种利用为重点研究领域。就相关种属的植物学性状、生物学性状、抗逆性（主要是抗葡萄霜霉病、白粉病、白腐病、黑痘病和炭疽病5类真菌病害及抗寒性与抗根癌性）、起源分布和酿酒特性利用评价等5个方面开展了系统研究。在本书的相关章节，恩师还列出了众弟子在他的指导下各自的主要研究选题与学术成果，循此可觅该学科诸后学学术发展轨迹与进展。本书的出版不仅具有重要的科学价值，而且为开发利用原产中国的葡萄种质资源、丰富世界葡萄品种有着深远的历史与现实意义。

《中国葡萄属野生资源》属现代农业科技专著大系入选图书，本书的主要研究内容和结果曾经得到一系列国家自然科学基金面上项目的资助。在本书出版过程中倾注了中国农业出版社编辑张利、王琦瑢的大量心血，西北农林科技大学牛立新教授审校了书中的拉丁学名。在此，我代表恩师，也代表贺门弟子向为本书出版做出了资助和贡献的有关单位和人士一并表示深深的感谢，并祈愿我国葡萄与葡萄酒学科发展进步！

西北农林科技大学 王跃进

2012年8月